水稻水分高效利用试验研究

周新国　甄　博　宁慧峰　张锡林　著

黄河水利出版社

·郑州·

内 容 提 要

水稻是我国三大粮食作物之一,近年来种植面积在3 000万 hm² 左右。水稻作为高耗水作物,其生育期需水量一般在700~1 200 mm。研究水稻高效用水技术对节约农业用水及防治水污染具有重要意义。本书研究了水稻不同需水量对水稻产量及品质的影响规律,开展了水稻分蘖期、晒田期、拔节期、孕穗期高效用水试验研究,并对适雨灌溉与氮肥耦合下水稻对氮素的吸收利用进行了研究。提出了稻田排水再利用模式。

本书可供从事水稻高效用水和水肥管理的技术人员和高等院校相关专业师生阅读参考。

图书在版编目(CIP)数据

水稻水分高效利用试验研究／周新国等著.—郑州：
黄河水利出版社,2022.11
ISBN 978-7-5509-3455-9

Ⅰ.①水… Ⅱ.①周… Ⅲ.①水稻栽培-高产栽培-研究 Ⅳ.①S511

中国版本图书馆 CIP 数据核字(2022)第 228150 号

审稿:席红兵 13592608739

责任编辑	景泽龙	责任校对	杨丽峰
封面设计	张心怡	责任监制	常红昕

出版发行 黄河水利出版社
　　　　地址:河南省郑州市顺河路 49 号　　邮政编码:450003
　　　　网址:www.yrcp.com　E-mail:hhslcbs@ 126.com
　　　　发行部电话:0371-66020550
承印单位 河南新华印刷集团有限公司
开　本 787 mm×1 092 mm　1/16
印　张 8.5
字　数 200 千字　　　　　印　数 1—1 000
版次印次 2022 年 11 月第 1 版　2022 年 11 月第 1 次印刷
定　价 58.00 元

《水稻水分高效利用试验研究》
编委会

前　言

　　我国农业用水问题不仅关系到我国国民经济的可持续发展,也关系着我国用水的紧张程度、土地分配利用的不平衡。农业高效用水对我国水资源安全和农产品粮食安全具有极其重要的影响。农业高效用水的根本目的是在有限的水资源约束下实现农业生产效益的极大化,本质是提高农业单方水的经济产出。在提高农业用水效率的同时,改善农业用水利用效益,维系农业水土生态环境。现代农业高效用水技术是在传统节水技术的基础上,以高产、优质、高效、安全和改善生态环境与可持续发展为目标,促进农业高效用水向定量化、规范化、模式化、集成化方向发展。

　　水稻是我国三大粮食作物之一,目前种植面积已居世界第二位,产量占全球的32%左右,为保障我国粮食安全做出了巨大贡献。由于水稻的适应性强且产量高,在我国大部分地区都有种植。河南、陕西秦岭以北、华北平原、松辽平原、宁夏回族自治区等部分水稻种植区为我国北方稻区,而南方稻区在秦岭淮河以南地区。相对于小麦、玉米和棉花等其他作物,水稻在生育期所需的水量更大。掌握我国水稻高效用水技术,明确需水规律,合理利用资源,实现水资源高效利用,对水稻农业高效用水相关的前沿技术开展创新性研究具有重要意义。

　　2010年以来,在科技部、农业部、国家自然科学基金委员会、中国农业科学院、河南省科技厅等部门的资助下,中国农业科学院农田灌溉研究所主持完成了"十二五"公益性行业(农业)科研专项经费资助项目"主要农作物涝渍灾害防控关键技术研究与示范"(201203032),"黄淮海高产农田作物需水及高效用水技术研究与示范"(201203077),国家自然科学基金项目(51079042),国家重点研发计划项目(2018YFC1508301),中国农业科学院创新工程项目,中国农业科学院基本科研业务费专项(FIRI202001-04)(FIRI2017-16)等项目。本书是上述研究项目的结晶,可为水稻水分高效利用、水稻生产非生物胁迫防控、水稻高产栽培管理及土地利用规划等提供重要的理论技术支持,也可为水稻水分管理试验提供技术指导,亦可作为水稻高产栽培及其他相近学科的使用参考书。

　　本书由周新国、郭树龙、甄博、郭冬冬、姜新审定。主要著者分工如下:第1章由周新国、郭树龙、姜新、张锡林撰写;第2章由宁慧峰、聂良鹏、张锡林、常国兴、申俊华、吕志栋撰写;第3章由甄博、郭相平、陆红飞、周新国、王振昌、李小朴、马宁宁、赵爽撰写;第4章由甄博、王华、郭树龙、李彩霞、郭冬冬、田波、马宁宁、赵爽撰写;第5章由甄博、周新国、陆红飞、李会贞、田波、璩璐、张锡林撰写;第6章由甄博、周新国、李会贞、牛庆林、张辉栋、李呈辉、李思文撰写;第7章由吴启侠、王华、璩璐、张辉栋、周影君撰写;第8章由焦平金、王华、史鹏飞、孙妍、申俊华、吕志栋、牛鹏云撰写;第9章由李呈辉、周影君、孙妍、常国兴、李思文、牛鹏云撰写。本书还参考了其他专家学者的研究成果,已在参考文献中列出,在此一并致谢。

本书主要对水稻生育期的水分管理、生长发育性状、生理生态特征、水分利用效率及叠加的高温胁迫等进行初步研究。在本书写作过程中,力求数据准确,分析透彻,观点正确,并考虑了各个章节的独立性和完整性。尽管尽了最大努力,书中仍有疏漏和不足之处,敬请读者不吝赐教、批评指正。

作　者

2022 年 11 月

目　录

第 1 章　研究概述

1.1　研究目的及意义

中国是世界上水稻种植面积大国。国家统计局资料显示,近年来种植面积稳定在3 000万 hm² 左右。水稻作为农田耗水量最大的作物,用水量占农业用水的70%左右,消耗约50%的全国总用水量(姚林等,2014)。我国在水资源缺乏的同时,稻田灌溉水的利用率也极低,仅为40%左右,水资源浪费严重(褚光等,2016),而淡水资源短缺严重制约水稻的可持续生产。传统淹灌模式不仅限制水稻高产潜力的发挥,也会加剧农业用水的紧张程度。

水稻用水不合理不仅会造成水资源的巨大浪费,也会造成农田中水分及氮、磷的流失,水体氮、磷含量的不断增加,引发水体的富营养化,对环境造成潜在的威胁及水资源污染,造成水质性缺水。排水贡献了下游水体53%的磷和57%的氮。控制排水是提高农田水分利用效率的有效途径,同时控制排水抬高地下水位,形成人工湿地系统,能有效地去除排水中的氮,从而减少对环境的污染。合理的灌溉排水技术能够做到提高水稻产量、节约农业水资源和减少水体污染。

我国位于中纬度地区,气温升高 1 ℃,灌溉需水量将增加 5%~6%。未来 10~50 年,气候变化将使我国西北地区天然来水量增加,但气候变暖将增加生态需水量及农业灌溉需水量。因此,气候变暖和水资源短缺是水稻生产面临的主要问题。在气候变暖背景下,需研究分析稻田水分如何管理,尤其是在现有节水灌溉模式下,高温是否会影响水稻根系的生长,进而影响水稻根系的吸水能力等问题。因此,开展水稻高温-灌溉-排水协同研究,探索水稻产量与品质对高温条件下不同水分管理的响应机制,分析水稻根系的形态、生理变化和解剖结构以及吸水能力的变化特征,制定出气候变暖背景下适宜的稻田水分管理措施,提高作物对气候的适应能力,进而保障粮食生产安全。本研究对我国农业生产应对全球变暖和水资源短缺、保证粮食安全及其战略决策的提出具有重要意义。

1.2　水稻高效用水研究进展

1.2.1　水分管理对水稻生长影响的研究进展

水稻作为泽生植物,其生产耗水量占农用淡水资源的80%左右(BOUMAN B A M,2001)。为了减少日益突出的缺水问题对水稻生产的影响,国际水稻研究所及其国家农业研究和推广体系发展并推广了稻田干湿交替(alternate wetting drying, AWD)水分灌溉技术。该技术不仅可以维持或提高水稻产量,还能大幅度降低水稻耗水量,降低全球变暖趋势,具有良好的经济和生态效益。高产、生态和资源的高效利用是水稻生产的重要目标,干湿交替的水分管理措施具有实现该目标的潜力。

适宜的水分胁迫可以改善水稻生长环境并提高产量,土壤落干至土壤水势为-15 kPa的干湿交替灌溉可显著提高产量9.4%~11.8%(张自常,2011),这主要是由于干湿交替灌溉显著改善了分蘖成穗率、叶片光合速率、粒叶比、花后干物质生产及根系活性等群体质量,从而增加产量。已有研究表明,AWD能提高水稻籽粒产量(ZHANG H,2008;HUAN T,2010;PAN S G,2009)。叶片光合作用的积累是水稻产量的主要物质来源,与持续淹水相比,轻干湿交替(15~20 cm,土壤水势-15 kPa),虽然在土壤落干阶段使水稻光合速率略有下降,但复水后有显著提高,而重干湿交替(alternate wetting and severe drying,WSD,15~20 cm,土壤水势为-15 kPa)下即使在复水后光合作用仍显著降低(ZHANG H,2009;ZHANG H,2010)。复水后光合作用的大幅提高,可能是对干旱阶段光合损失的一种补偿效应(XU Z,2009)。若AWD落干阶段土壤水势过低,则会引起水稻穗数、穗粒数、结实率和千粒质量等产量构成因子下降,最终造成产量显著降低(GHOSH A,2011;YANG J C,2009)。土壤水势过低还会降低水稻根系活力和蒸腾速率(ZHANG H,2008;),因此轻度和安全的AWD(通常土壤水势降至-20~-10 kPa)可以使土壤发挥良好的增产作用(ZHANG Y B,2010)。根系是植物与土壤进行物质和能量交换及信息传递的门户。AWD能促进根系的生长和伸长,根长密度和根质量密度均增大,根系活跃吸收面积、根系氧化力、超氧化物歧化酶和根系表面磷酸酶活性也得到提高(YANG C,2004;秦华东,2013)。研究水稻根系形态和生理特征与产量形成的关系,发现轻干湿交替(alternate wetting and moderate drying,WMD)能显著改善水稻生长中后期根尖细胞的超微结构,增加根长和根系产生的细胞分裂素,进而提高水稻产量和水、氮资源利用效率(YANG J C,2012)。研究发现分蘖期水稻经历旱涝交替胁迫,既可以增加水稻根系的根中柱面积和根外层厚度,又可以促进根系的发育和通气组织的较早形成,这样不仅可以提高水稻的通气能力,还可以通过根部向上运输更多的氧气供水稻生长需要(甄博,2015)。已有研究表明:水稻根系形态及生理特性与产量存在一定的相关关系。水稻产量与根长、表面积、根体积、平均根直径、根尖数、总吸收面积、活跃吸收面积、氧化力、根系伤流液中可溶性糖、蛋白质、氨基酸含量之间存在显著正相关关系。适度的干湿交替灌溉有利于水稻构建良好的根系形态,提高根系活力(陆大克,2019)。

前人所做的节水灌溉研究表明,湿润灌溉不仅水分利用率高,节水效果好,而且对水稻的产量和品质有一定的改善和提高(陈婷婷,2019)。

综上所述,适宜的干湿交替灌溉和湿润灌溉既可以增加水稻产量,又可以降低用水量。因此,随着气候变暖,研究高温环境下不同水分管理对水稻生长影响的响应机制是保证稻田增产稳产的前提。

1.2.2　灌排措施对水稻灌区排水水质的影响

在稻麦轮作区,为满足旱作小麦降渍要求,农田都配套有相应的排水系统。在水稻生长季,开敞的排水农沟形成的水力梯度造成了稻田水分损失过快,降低了灌溉水和雨水资源的利用率。因此,可以在适当的时段抬高排水沟出口高度,降低农田排水强度,削减排水量。农田控制排水是自 20 世纪 70 年代起在欧美等地大力推行的农田排水管理模式，其削减排水量及氮素输出负荷的效果得到了肯定（罗纨，2013；Evans R O，1995；Gilliam J W，1979）。但现有研究大多针对旱作区埋深较大的暗管排水情况，控制排水、减少氮素流失的效果主要体现在对以硝态氮为主的氮素总负荷的削减；对于水稻种植区的减排效果，尤其是对氨氮浓度和总量输出的削减作用仍待进一步研究。一般认为，随机性较强的暴雨过程造成了农田氮素的流失；但灌区相对固定的灌溉制度与随机降雨过程的叠加作用是氮素随农田排水过程大量流失的重要原因。从理论上讲，对于相对可控的灌溉排水过程进行合理控制可以减少氮素的输出（马瑛骏，2021；李亚威，2021）；但此类措施的实施效率受到复杂多变的气象、土壤、农作情况影响，存在极大的不确定性（俞双恩，2018；Xu Z，2012）。尤其是水稻生长的夏秋季节，频发的暴雨事件使得田间控制措施的作用受到限制。Hansen 等（Hansen A T，2021）研究指出，田间措施依赖于农户参与和政府补贴，其回报低且效果不佳；相对而言，利用湿地对排水进行异地集中处理的方式则更加经济可行（Vymazal J，2015）。水稻灌区大都拥有一定数量的排水沟塘湿地，可以对排水中的污染物进行降解。不少研究都提出，一定的湿地面积比可实现对农田排水的有效净化；但是，气象、土壤以及种植结构等条件的差异，使得不同地区达到一定水质净化目标所需的湿地面积也因地而异（Moreno-Mateos D，2008；Mitsch W J，2001）。水稻灌区现有的沟塘湿地系统对于农业污染物的净化能力与农田排水过程的关系以及匹配效果目前仍不够明晰。

目前常规灌溉（灌溉定额为 9 600 m^3/hm^2，折合水深 960 mm）和常规排水（排水沟深 0.6 m，等效间距 50 m）模式下，农田单位面积上的年均排水总量高达 1 162 mm，是灌溉量与降雨量之和的 59%；其中地表径流占比 51%，仅有 25% 是由降雨造成的不可控部分。采取理想的避免地表径流的干湿交替控制灌溉措施（年均灌溉量 320 mm）可以显著降低排水量和氨氮的输出，相较于常规灌溉模式，可削减 55% 的排水量和 59% 的氨氮输出。研究区农田控制排水削减排水总量的效果较差，且在一定程度上增加了地表径流。由于地表排水中氨氮浓度（2.85 mg/L）高于地下排水中的氨氮浓度（其浓度为 1.80 mg/L），地表排水比例的提高会增加排水对氨氮的输出（邹家荣等，2022）。

1.2.3 温度对水稻生长发育的影响

温度是作物生长发育的关键生态因子之一，气候变暖改变了作物生长的温度环境，影响作物的生长发育进程，进而对作物的产量和区域布局造成影响。

目前，我国大部分水稻种植区域已经处于或即将处于高温胁迫当中，预计未来温度仍将以每 10 年 0.2~0.4 ℃ 的速度增加（PACHAURI R K，2014）。水稻生长季节高温持续时间延长、胁迫强度增加、极端高温频发、夜间温度增加已成为限制我国水稻增产的重要环境因素（SHEN X，2016）。水稻对昼夜温度敏感性不同，白天高温造成水稻产量降低的最突出原因是结实率下降，夜间高温对结实率、每穗颖花数和粒重的影响相当（XIONG D L，2017）。研究表明，夜间高温对水稻籽粒灌浆的伤害比白天高温更加严重，夜间高温降低粒重，而白天高温下表现不显著（WU C，2016）。此外，夜间高温会增加垩白的形成，影响稻米品质（董文军，2016）。

不同生育期高温对水稻生长的影响有所不同，甄博（2018）等研究发现拔节期连续 5

d 高温会降低水稻地上部干物质的积累,增加水稻的有效积温,影响有机物的合成和转运,造成水稻结实率下降,进而影响水稻产量。穗分化期高温会降低每穗颖花数和结实率(王亚梁,2015),开花期高温降低结实率(杜尧东,2012),灌浆期高温降低粒重和结实率,水稻生殖生长阶段高温最终均降低了产量(SHI W, YIN X, 2017;宋有金、吴超,2021)。

根系是水稻吸收水分、养分和合成激素的重要器官,根系活力代表着根系对矿物质和水分吸收能力的强弱,具有重要的生物学意义(李婷婷,2019;FAHAD S,2018)。根系伤流强度能较为准确地反映根系活性变化情况(沈波,2000)。陆定志(1987)等研究发现,孕穗至抽穗期的伤流强度分别与单位面积的颖花数、结实率和千粒质量呈正相关;抽穗期至乳熟期的伤流强度下降百分率与结实率、千粒质量和产量呈极显著的负相关。陶龙兴(2009)等研究表明高温胁迫时根的伤流强度呈先增加后降低的变化趋势,并且耐热品种伤流强度始终高于热敏感品种。研究指出,全天高温对水稻伤流强度的影响最大,其次为白天高温和夜间高温。伤流差异能在一定程度上反映高温下水稻产量差异(宋有金,2021)。

温度作为重要的环境气候因子之一,对土壤中水分的运动与保持历来受到许多研究者的重视(施垌林,2009)。研究结果表明,土壤温度对土壤水分性质与土壤结构性质影响显著,二者共同作用使得土壤水分运动过程发生改变(高红贝,2011)。

适宜的温度和水分管理有利于水稻的干物质积累。已有研究表明,夜间增温下湿润灌溉处理能够提高水稻的最大净光合速率和光饱和点,降低水稻的补偿点、暗呼吸速率和荧光耗散,使水稻的光适应范围增大,光合结构性能较好,但降低了水稻的穗干质量(李君,2019)。

综上所述,由于全球气候变暖,高温严重影响了植物的生长发育及农作物生产,国内外大多数学者侧重于研究高温对水稻地上部分的影响,而且大部分都是针对常规灌溉(浅水勤灌)方式下高温对水稻生长发育的机制研究,有关高温对水稻根系生长及解剖结构变化的机制研究较少。由于水资源短缺,水稻已大面积推广节水灌溉,因此在全球变暖的情况下,研究高温背景下不同水分管理对水稻生长发育的影响是水稻生产亟须解决的问题,可以为高产节水栽培提供参考。

参 考 文 献

[1]Pachauri R K, Meyer L A. Climate Change 2014: Synthesis Report. Contribution of working groups I, II and III to the Fifth Assessment Report of the Intergovernmental Panel on Climate Change[C]. Geneva, Switzerland: IPCC, 2014. 1-151.

[2]Shen X, Liu B, Lu X, et al. Spatial and temporal changes in daily temperature extremes in China during 1960−2011[J]. Theoretical and Applied Climatology, 2016(130):1-11.

[3]Xiong D L, Ling X X, Huang J L, et al. Meta-analysis and dose-response analysis of high temperature effects on rice yield and quality[J]. Environmental & Experimental Botany,2017(141):1-9.

[4]Wu C, Cui K H, Wang W, et al. Heat-induced phytohormone changes are associated with disrupted early reproductive development and reduced yield in rice[J]. Scientific Reports, 2016, 6(1):560-564.

[5]董文军,田云录,张彬,等.非对称性增温对水稻品种南粳 44 米质及关键酶活性的影响[J].作物学报,2011,37(5):832-841.

[6]甄博,周新国,陆红飞.拔节期高温与涝交互胁迫对水稻生长发育的影响[J].农业工程学报,2018,34 (21):105-111.

[7]王亚梁,张玉屏,曾研华,等.水稻穗分化期高温对颖花分化及退化的影响[J].中国农业气象,2015, 36(6):724-731.

[8]杜尧东,李键陵,王华,等.高温胁迫对水稻剑叶光合和叶绿素荧光特征的影响[J].生态学杂志,2012 (10):101-108.

[9]Shi W, Yin X, Struik P C, et al. High day-and night-time temperatures affect grain growth dynamics in contrasting rice genotypes[J]. Journal of Experimental Botany,2017,68(18):5233-5245.

[10]宋有金,吴超,李子煜,等.水稻产量对生殖生长阶段不同时期高温的响应差异[J].中国水稻科学, 2021,35(2):177-186.

[11]李婷婷,冯钰枫,朱安,等.主要节水灌溉方式对水稻根系形态生理的影响[J].中国水稻科学,2019, 33(4):293-302.

[12]Fahad S, Ihsan M Z, Khaliq A, et al. Consequences of high temperature under changing climate optima for rice pollen characteristics-concepts and perspectives[J]. Archives of Agronomy and Soil Science, 2018,10(1):340-365.

[13]沈波,王熹.籼粳亚种间杂交稻根系伤流强度的变化规律及其与叶片生理状况的相互关系[J].中国 水稻科学,2000,14(2):122-124.

[14]陆定志.杂交水稻根系生理优势及其与地上部性状的关联研究[J].中国水稻科学,1987,1(2): 81-94.

[15]陶龙兴,谈惠娟,王熹,等.开花和灌浆初期高温胁迫对国稻6号结实的生理影响[J].作物学报, 2009,35(1):110-117.

[16]施坰林.节水灌溉新技术[M].北京:中国农业出版社,2009.

[17]高红贝,邵明安.温度对土壤水分运动基本参数的影响[J].水科学进展,2011,22(4):484-494.

[18]李君,娄运生,马莉,等.夜间增温和水分管理耦合对水稻叶片光合作用和荧光特性的影响[J].江苏 农业学报,2019,35(3):506-513.

[19]罗纨,李山,贾忠华,等.兼顾农业生产与环境保护的农田控制排水研究进展[J].农业工程学报, 2013,29(16):1-6.

[20]Evans R O, Skaggs R W, Wendell G J. Controlled versus conventional drainage effects on waterquality [J]. Journal of Irrigation and Drainage Engineering, 1995, 121(4): 271-276.

[21]Gilliam J W, Skaggs R W, Weed S B. Drainage control to diminish nitrate loss from agricultural fields [J]. Journal of Environmental Quality, 1979, 8(1): 137-140.

[22]马瑛骏,万辰,张克强,等.农田排水口高度对地表径流氮磷流失的影响[J].农业工程学报,2021,37 (15):114-120.

[23]李亚威,徐俊增,刘文豪,等.明沟-暗管组合控排下稻田水氮流失特征[J].农业工程学报,2021,37 (19):113-121.

[24]Hansen A T, Campbell T, Cho S J, et al. Integrated assessment modeling reveals near-channel manage-ment as cost-effective to improve water quality in agricultural watersheds[J]. Proceedings of the National Academy of Sciences of the United States of America, 2021, 118(28):1-8.

[25]Vymazal J, Brezinova T. The use of constructed wetlands for removal of pesticide from agricultural runoff and drainage:A review[J]. Environment International, 2015, 75(2): 11-20.

[26]Moreno-Mateos D, Mander Ü, Comin F A, et al. Relationships between landscape pattern, wetland char-acteristics, and water quality in agricultural catchments[J]. Journal of Environmental Quality, 2008, 37

（6）：2170-2180.

［27］Mitsch W J, Day J W, Gilliam W, et al. Reducing nitrogen loading to the Gulf of Mexico from the Mississippi River Basin: strategies to counter a persistent ecological problem［J］. BioScience, 2001, 51（11/12）: 373-388.

［28］邹家荣,罗纨,李林,等.灌排控制措施结合沟塘湿地改善水稻灌区排水水质的模拟分析［J］.农业工程学报,2022,38（11）:98-107.

［29］Bouman B A M, Tuong T P. Field water management to save water and increase its productivity in irrigated lowland rice［J］. Agricultural Water Management,2001,49（1）:11-30.

［30］张自常,徐云姬,褚光,等.不同灌溉方式下的水稻群体质量［J］.作物学报,2011,37（11）:2011-2019.

［31］Zhang H, Zhang S, Yang J, et al. Postanthesis moderate wetting drying improves both quality and quantity of rice yield［J］. Agronomy Journal,2008,100（3）:726-734.

［32］Huan T, Huan N, Khuong T Q, et al. Effects of seeding rate and nitrogen management under two different water regimes on grain yield, water productivity and profitability of rice production［J］. Omonrice,2010, 17:137-142.

［33］Pan S G, Cao C G, Cai M L, et al. Effects of irrigation regime and nitrogen management on grain yield, quality and water productivity in rice［J］. Journal of Food Agriculture & Envrionment, 2009, 7（2）: 559-564.

［34］Zhang H, Xue Y, Wang Z, et al. An alternate wetting and moderate soil drying regime improves root and shoot growth in rice［J］. Crop Science,2009,49:2246-2260.

［35］Zhang H, Chen T, Wang Z, et al. Involvement of cytokinins in the grain filling of rice under alternate wetting and drying irrigation［J］. Journal of Experimental Botany,2010,61（13）:3719-3733.

［36］Xu Z, Zhou G, Shimizu H. Are plant growth and photosynthesis limited by pre-drought following rewatering in grass? ［J］. Journal of Experimental Botany,2009,60（13）: 3737-3749.

［37］Ghosh A, Singh O N, Rao K S. Improving irrigation management in dry season rice cultivation for optimum crop and water productivity in non-traditional rice ecologies［J］. Irrigation and Drainage,2011,60（2）:174-178.

［38］Yang J C, Huang D, Duan H, et al. Alternate wetting and moderate soil drying increases grain yield and reduces cadmium accumulation in rice grains［J］. Journal of the Science of Food and Agriculture,2009,89（10）: 1728-1736.

［39］Zhang Y B,Tang Q Y, PENG S B, et al. Water productivity of contrasting rice genotypes grown under water-saving conditions in the tropics and investigation of morphological traits for adaptation［J］. Agricultural Water Management,2010,98（2）:241-250.

［40］Yang C,Yang Y, et al. Rice root growth and nutrient uptake as influenced by organic manure in continuously and alternately flooded paddy soils［J］. Agricultural Water Management,2004,70（1）:67-81.

［41］秦华东,江立庚,肖巧珍,等.水分管理对免耕抛秧水稻根系生长及产量的影响［J］.中国水稻科学, 2013,27（2）:209-212.

［42］Yang J C, Zhang J H. Root morphology and physiology in relation to the yield formation of rice［J］. Journal of Integrative Agriculture, 2012,11（6）:920-926.

［43］甄博,郭相平,陆红飞.旱涝交替胁迫对水稻分蘖期根解剖结构的影响［J］.农业工程学报,2015,31（9）:107-113.

［44］陆大克,段骅,王维维,等.不同干湿交替灌溉与氮肥形态耦合下水稻根系生长及功能差异［J］.植物营养与肥料学报,2019,25（8）:1362-1372.

第 2 章 水稻需水试验研究

2.1 不同灌溉方式下水稻耗水规律及其对产量和品质的影响

2.1.1 试验设计

2012 年供试材料为信阳地区种植面积较广的一季中籼迟熟品种"冈优 188",4 月 26 日播种,旱育秧,5 月 16 日单苗移栽,株行距为 20 cm×20 cm,移栽叶龄为四叶一心,9 月 20 日收获,全生育期 148 d。设常规灌溉和控制灌溉两种灌溉方式,控制灌溉除返青期保持 0～25 mm 的水层和黄熟期自然落干以外,其他各生育期均不建立灌溉水层,土壤含水率上限为饱和含水率,分蘖期、拔节孕穗期、抽穗开花期及乳熟期的根层土壤含水率下限取饱和含水率的 60%～80%;常规灌溉除分蘖后期晒田和黄熟期自然落干外,其他各生育期建立 0～40 mm 的水层(见表 2-1)。小区筑埂并用塑料薄膜包裹以防串水串肥,面积为 60 m²,三次重复。

表 2-1 不同灌溉方式下各生育阶段土壤水分控制指标及灌水频次

处理	水分控制指标	返青期	分蘖期	拔节孕穗期	抽穗开花期	乳熟期	黄熟期	全生育期
常规灌溉	建立水层深度/mm	0～25	0～30	0～40	0～30	0～25	自然落干	—
	灌水量/(m³/小区)	3	14	15	4.5	3	0	39.5
	灌水次数/次	2	6	6	2	2	0	18
控制灌溉	土壤含水量	0～25 mm	65%～70%	70%～75%	75%～80%	70%～75%	自然落干	—
	灌水量/(m³/小区)	3	7.5	9	2.5	0	0	22
	灌水次数/次	2	4	3	1	0	0	10
	根层土壤控制深度/cm	—	0～20	0～40	0～40	0～40	—	—

2013 年供试材料采用相同品种,4 月 16 日播种,旱育秧,5 月 17 日单苗移栽,株行距 20 cm×20 cm,9 月 25 日收获,全生育期 162 d。设常规灌溉和控制灌溉两种灌溉方式,控制灌溉除返青期保持 5～25 mm 的水层和黄熟期自然落干以外,其他各生育期均不建立灌溉水层,土壤含水率上限为饱和含水率,分蘖期、拔节孕穗期、抽穗开花期及乳熟期的根层

土壤含水率下限取饱和含水率的60%和70%进行组合,以常规灌溉为对照,共7个处理;常规灌溉返青期保持5~25 mm的水层,分蘖后期晒田,黄熟期自然落干,其他各生育期建立0~40 mm水层(见表2-2)。小区筑埂并用塑料薄膜包裹以防串水串肥,面积为16.5 m²,三次重复。

表2-2 不同处理各生育阶段土壤水分控制指标

处理	上下限	返青期	分蘖期	拔节孕穗期	抽穗开花期	乳熟期	黄熟期
1	上	25 mm	29.50%	29.50%	29.50%	29.50%	自然落干
	下	5 mm	17.70%	17.70%	17.70%	17.70%	
2	上	25 mm	29.50%	29.50%	29.50%	29.50%	自然落干
	下	5 mm	17.70%	17.70%	20.65%	17.70%	
3	上	25 mm	29.50%	29.50%	29.50%	29.50%	自然落干
	下	5 mm	17.70%	20.65%	20.65%	17.70%	
4	上	25 mm	29.50%	29.50%	29.50%	29.50%	自然落干
	下	5 mm	20.65%	20.65%	20.65%	20.65%	
5	上	25 mm	29.50%	29.50%	29.50%	29.50%	自然落干
	下	5 mm	20.65%	20.65%	20.65%	17.70%	
6	上	25 mm	29.50%	29.50%	29.50%	29.50%	自然落干
	下	5 mm	20.65%	17.70%	20.65%	17.70%	
7	上	25 mm	40 mm,烤田	35 mm	40 mm	30 mm	自然落干
	下	5 mm	20 mm,烤田	10 mm	20 mm	10 mm	

2.1.2 结果与分析

2.1.2.1 不同灌溉方式下水稻耗水规律

不同灌溉方式下水稻各生育期耗水量如表2-3和表2-4所示。常规灌溉和控制灌溉的水稻腾发量在不同生育阶段均表现为分蘖期>拔节孕穗期>乳熟期>抽穗开花期>黄熟期>返青期,与参考作物需水量(ET_0)的变化相一致(见表2-3、表2-4)。控制灌溉水稻全生育期的腾发量和田间渗漏量均小于常规灌溉,尤其是在水稻生长旺盛的中期,控制灌溉的水稻阶段腾发量和田间渗漏量均远小于常规灌溉,削峰效果明显(见图2-1)。分蘖至抽穗开花期是水稻的耗水高峰期,但由于抽穗开花期历时较短,且此时期遇到较多降雨(见图2-2),腾发量较小,而乳熟期历时长,腾发量相对较大,但此时期也有较多降雨,田间渗漏量也较大,因此各生育期的耗水量变化呈双峰曲线(见图2-1)。

表 2-3　不同灌溉方式下水稻各生育期耗水量（2012 年）

| 处理 | 项目 | 生育期/mm | | | | | | 全生育期 | |
		返青	分蘖	拔节孕穗	抽穗开花	乳熟	黄熟	mm	m³/亩
常规灌溉	ET_0	30.3	202.2	165.1	36.6	85.1	35.8	555.1	370.1
	蒸腾蒸发	25.0	215.0	190.0	50.0	95.0	40.0	615.0	410.0
	田间渗漏	30.0	130.0	90.0	30.0	50.0	10.0	340.0	226.7
	田间耗水量	55.0	345.0	280.0	80.0	145.0	50.0	955.0	636.7
控制灌溉	蒸腾蒸发	25.0	165.0	145.0	35.9	75.0	29.0	474.9	316.6
	田间渗漏	30.0	43.9	34.0	24.1	42.0	6.0	180.0	120.0
	田间耗水量	55.0	208.9	179.0	60.0	117.0	35.0	654.9	436.6

表 2-4　不同灌溉方式下水稻各生育期耗水量（2013 年）

| 项目 | 处理 | 生育期/mm | | | | | | 全生育期 | |
		返青	分蘖	拔节孕穗	抽穗开花	乳熟	黄熟	mm	m³/亩
ET_0		45.2	182.7	163.7	66.2	131.2	52.1	641.1	427.4
蒸腾蒸发	1	35.0	153.9	134.3	49.9	122.0	35.8	531.0	354.0
	2	35.0	158.9	136.0	70.1	126.5	37.1	563.6	375.7
	3	35.0	154.5	150.6	87.8	130.3	38.6	596.8	397.8
	4	35.0	180.1	170.3	95.8	137.8	46.9	665.9	443.9
	5	35.0	178.0	161.7	97.0	131.3	42.2	645.3	430.2
	6	35.0	174.4	140.3	67.8	128.8	44.9	591.1	394.1
	7	35.0	200.0	190.0	100.0	160.0	60.0	745.0	496.7
田间渗漏	1	40.0	33.7	29.9	4.7	24.6	7.6	140.4	93.6
	2	40.0	29.5	27.3	9.4	26.2	9.4	141.8	94.6
	3	40.0	31.0	28.8	14.6	29.4	8.7	152.5	101.7
	4	40.0	39.5	34.5	18.6	37.8	11.8	182.1	121.4
	5	40.0	36.7	31.9	20.5	32.3	9.5	170.9	113.9
	6	40.0	34.5	29.3	16.7	27.7	8.4	156.6	104.4
	7	40.0	110.0	70.0	30.0	55.0	15.0	320.0	213.3
田间耗水量	1	75.0	187.6	164.2	54.6	146.6	43.4	671.4	447.6
	2	75.0	188.4	163.4	79.5	152.8	46.5	705.4	470.3
	3	75.0	185.5	179.4	102.4	159.7	47.3	749.3	499.5
	4	75.0	219.6	204.8	114.4	175.5	58.7	848.0	565.3
	5	75.0	214.7	193.6	117.5	163.7	51.7	816.2	544.1
	6	75.0	208.9	169.6	84.5	156.5	53.3	747.7	498.5
	7	75.0	310.0	260.0	130.0	215.0	75.0	1 065.0	710.0

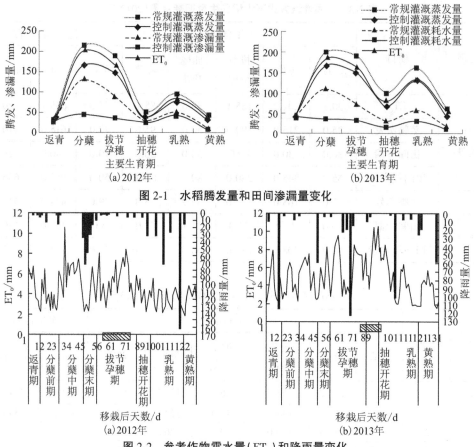

图 2-1　水稻腾发量和田间渗漏量变化

图 2-2　参考作物需水量(ET_0)和降雨量变化

2.1.2.2　不同灌溉方式下水稻各生育阶段需水模比系数及控制灌溉节水效果

2012 年试验中,各生育期的水稻需水模比系数(某阶段腾发量/总腾发量)变化也表现出与需水量变化一致的规律(见表 2-5)。

表 2-5　不同灌溉方式下水稻各生育期需水模比系数及控制灌溉节水效果(2012 年)

项目	处理	生育期						全生育期
		返青	分蘖	拔节孕穗	抽穗开花	乳熟	黄熟	
控制灌溉节约水量/mm	蒸腾蒸发	0	50.0	45.0	14.1	20.0	11.0	140.1
	田间渗漏	0	86.1	56.0	5.9	8.0	4.0	160.0
	田间耗水量	0	136.1	101.0	20.0	28.0	15.0	300.1
节水/%	蒸腾蒸发	0	23.3	23.7	28.2	21.1	27.5	22.8
	田间渗漏	0	66.2	62.2	19.7	16.0	40.0	47.1
	田间耗水量	0	39.4	36.1	25.0	19.3	30.0	31.4
需水模比系数/%	常规灌溉	4.1	35.0	30.9	8.1	15.4	6.5	100
	控制灌溉	5.3	34.7	30.5	7.6	15.8	6.1	100

由表 2-5 可以看出,分蘖期需水模比系数最高,常规灌溉和控制灌溉分别为 35.0% 和 34.7%,返青期最低,常规灌溉和控制灌溉分别为 4.1% 和 5.3%。本试验中,两种灌溉方式在返青活棵后开始进行处理,所以返青期耗水量相同。其余各生育期,与常规灌溉相比,控制灌溉节水效果明显,尤其在分蘖期和拔节孕穗期,腾发量分别减少 50.0 mm 和 45.0 mm,节水 23.3% 和 23.7%;田间渗漏量分别减少 86.1 mm 和 56.0 mm,节水 66.2% 和 62.2%。整个生育期田间耗水量减少 300.1 mm,节水 31.4%。

2013 年试验中,比较控制灌溉不同处理间可发现,处理 4 全生育期腾发量和渗漏量最大,耗水量达 848 mm,处理 1 最小,为 671 mm,其余由大到小依次为处理 5、处理 3、处理 6 和处理 2(见表 2-6)。这说明不同生育期随着土壤水分控制下限的降低,耗水量也有所下降。与处理 7 相比,处理 1~6 全生育期的耗水量分别减少 37.0%、33.8%、29.6%、20.4%、23.4% 和 29.8%,腾发量分别减少 28.7%、24.4%、19.9%、10.6%、13.4% 和 20.7%,渗漏量分别减少 56.1%、55.7%、52.3%、43.1%、46.6% 和 51.1%(见表 2-6)。控制灌溉各处理腾发量显著下降,田间渗漏量下降幅度更大,耗水量的下降主要由于渗漏量的显著降低。

表 2-6　水稻控制灌溉不同处理下各生育期耗水量与常规灌溉比较(2013 年)

项目	处理	生育期/mm						全生育期	
		返青	分蘖	拔节孕穗	抽穗开花	乳熟	黄熟	mm	m³/亩
蒸腾蒸发	1	0	46.1	55.7	50.1	38.0	24.2	214.0	142.7
	2	0	41.1	54.0	29.9	33.5	22.9	181.4	121.0
	3	0	45.5	39.4	12.2	29.7	21.4	148.2	98.9
	4	0	19.9	19.7	4.2	22.2	13.1	79.1	52.8
	5	0	22.0	28.3	3.0	28.7	17.8	99.7	66.5
	6	0	25.6	49.7	32.2	31.2	15.1	153.9	102.6
田间渗漏	1	0	76.3	40.1	25.3	30.4	7.4	179.6	119.7
	2	0	80.5	42.7	20.6	28.8	5.6	178.2	118.8
	3	0	79.0	41.2	15.4	25.6	6.3	167.5	111.6
	4	0	70.5	35.5	11.4	17.2	3.2	137.9	91.9
	5	0	73.3	38.1	9.5	22.7	5.5	149.1	99.4
	6	0	75.5	40.7	13.3	27.3	6.6	163.4	109.0
田间耗水量	1	0	122.4	95.8	75.4	68.4	31.6	393.6	262.4
	2	0	121.6	96.6	50.5	62.2	28.5	359.6	239.7
	3	0	124.5	80.6	27.6	55.3	27.7	315.7	210.5
	4	0	90.4	55.2	15.6	39.5	16.3	217.0	144.7
	5	0	95.3	66.4	12.5	51.3	23.3	248.8	165.9
	6	0	101.1	90.4	45.5	58.5	21.7	317.3	211.5

注:表中数值分别为处理 1、2、3、4、5、6 与处理 7 的差值。

此外,控制灌溉各处理灌溉水量也较常规灌溉少(见表 2-7)。处理 1~6 全生育期的灌水量分别为 270.7 m^3/亩、279.5 m^3/亩、307.8 m^3/亩、359.5 m^3/亩、343.4 m^3/亩和297.1 m^3/亩,较处理 7 的 493.2 m^3/亩分别减少 45.1%、43.3%、37.6%、27.1%、30.4%和39.8%,控制灌溉各处理节水效果明显。其中,分蘖期(前期和中期)、抽穗开花期和乳熟期需水量相对较高,灌水量占整个生育期的 70%左右。从降雨量看,整个生育期降雨 757.4 mm,各生育期分别为 128.3 mm、78.9 mm、192.2 mm、11.9 mm、232.3 mm 和 113.8 mm,除分蘖期和抽穗开花期外,其余时期降雨较为集中,降雨利用率低。由处理 1~6 的田间耗水量的降低幅度和灌水量的降低幅度对比,灌水量降低的幅度高于耗水量的降低幅度,说明控制灌溉各处理更能充分利用降雨。

表 2-7　不同处理下各生育阶段灌水量(2013 年)　　　　　单位:m^3/亩

处理	返青	分蘖	拔节孕穗	抽穗开花	乳熟	黄熟	全生育期
1	40.4	75.5	43.1	55.4	56.3	0	270.7
2	40.4	75.9	42.6	60.1	60.4	0	279.5
3	40.4	74.1	52.8	75.4	65.0	0	307.8
4	40.4	90.8	69.8	83.4	75.0	0	359.5
5	40.4	87.5	62.3	85.5	67.7	0	343.4
6	40.4	83.6	46.7	63.5	62.9	0	297.1
7	40.4	141.5	113.2	84.9	113.2	0	493.2

2.1.2.3　不同灌溉方式下水稻各生育期耗水强度

不同灌溉方式下水稻各生育期耗水强度如表 2-8 和表 2-9 所示。从表中可以看出,各生育期的腾发强度变化趋势与 ET_0 变化趋势相似,控制灌溉各生育期腾发强度、渗漏强度及耗水强度均小于常规灌溉,两年结果基本一致。2012 年试验中,拔节孕穗期的腾发强度最大,常规灌溉和控制灌溉拔节孕穗期的腾发强度分别为 6.13 mm/d 和 4.68 mm/d。常规灌溉返青期腾发强度最小,为 3.57 mm/d;控制灌溉黄熟期腾发强度最小,为2.90 mm/d。返青期田间渗漏强度最大,常规灌溉和控制灌溉的田间渗漏强度均为4.29 mm/d;黄熟期的田间渗漏强度最小,常规灌溉和控制灌溉的田间渗漏强度分别为1.00 mm/d 和 0.60 mm/d。控制灌溉水稻全生育期平均田间耗水强度为 5.44 mm/d,小于常规灌溉的 7.29 mm/d,其中平均腾发强度为 3.60 mm/d,平均渗漏强度为 1.85 mm/d,分别比常规灌溉减少 0.98 mm/d 和 0.85 mm/d(见表 2-8)。

表 2-8　不同灌溉方式下水稻各生育期耗水强度(2012 年)　　　　　单位:mm/d

处理	项目	生育期					
		返青	分蘖	拔节孕穗	抽穗开花	乳熟	黄熟
	ET_0	4.33	4.70	5.32	3.66	3.41	3.58
常规灌溉	腾发强度	3.57	5.00	6.13	5.00	3.80	4.00
	田间渗漏强度	4.29	3.02	2.90	3.00	2.00	1.00
	田间耗水强度	7.86	8.02	9.03	8.00	5.80	5.00
控制灌溉	腾发强度	3.57	3.84	4.68	3.59	3.00	2.90
	田间渗漏强度	4.29	1.02	1.10	2.41	1.68	0.60
	田间耗水强度	7.86	4.86	5.77	6.00	4.68	3.50

2013 年试验中,各处理拔节孕穗期的腾发强度和耗水强度最大,抽穗开花期次之(见表 2-9)。从渗漏强度看,处理 1 和处理 2 拔节孕穗期渗漏强度最大,分蘖期次之,抽穗开花、乳熟和黄熟期较小;处理 3~7 则表现为拔节孕穗期和抽穗开花期较大,分蘖期和乳熟期次之,黄熟期最小。与处理 7 相比,处理 1~6 全生育期腾发强度分别减少 28.7%、24.4%、20.0%、10.6%、13.4% 和 20.7%;全生育期渗漏强度分别减少 56.1%、55.7%、52.2%、43.0%、46.5% 和 50.9%;全生育期耗水强度分别减少 36.9%、33.8%、29.6%、20.4%、23.4% 和 29.8%。

表 2-9　不同处理下水稻各生育期耗水强度(2013 年)　　　　单位:mm/d

项目	处理	生育期						全生育期
		返青	分蘖	拔节孕穗	抽穗开花	乳熟	黄熟	
ET_0		4.52	4.57	6.55	4.73	3.75	3.47	4.61
腾发强度	1	3.50	3.85	5.37	3.56	3.49	2.39	3.82
	2	3.50	3.97	5.44	5.01	3.62	2.47	4.05
	3	3.50	3.86	6.02	6.27	3.72	2.57	4.29
	4	3.50	4.50	6.81	6.85	3.94	3.13	4.79
	5	3.50	4.45	6.47	6.93	3.75	2.81	4.64
	6	3.50	4.36	5.61	4.84	3.68	2.99	4.25
	7	3.50	5.00	7.60	7.14	4.57	4.00	5.36
渗漏强度	1	4.00	0.84	1.20	0.33	0.70	0.50	1.01
	2	4.00	0.74	1.09	0.67	0.75	0.63	1.02
	3	4.00	0.78	1.15	1.04	0.84	0.58	1.10
	4	4.00	0.99	1.38	1.33	1.08	0.79	1.31
	5	4.00	0.92	1.28	1.46	0.92	0.63	1.23
	6	4.00	0.86	1.17	1.19	0.79	0.56	1.13
	7	4.00	2.75	2.80	2.14	1.57	1.00	2.30
耗水强度	1	7.50	4.69	6.57	3.90	4.19	2.89	4.83
	2	7.50	4.71	6.53	5.68	4.36	3.10	5.07
	3	7.50	4.64	7.18	7.31	4.56	3.15	5.39
	4	7.50	5.49	8.19	8.17	5.02	3.91	6.10
	5	7.50	5.37	7.74	8.39	4.68	3.45	5.87
	6	7.50	5.22	6.78	6.03	4.47	3.56	5.38
	7	7.50	7.75	10.40	9.29	6.14	5.00	7.66

拔节孕穗期和抽穗开花期是水稻的需水敏感期,此时期正是夏季高温,耗水强度高,处理 7 拔节孕穗期和抽穗开花期的耗水强度分别为 10.40 mm/d 和 9.29 mm/d,全生育期的耗水强度为 7.66 mm/d,全生育期的渗漏强度为 2.30 mm/d。处理 1~6 全生育期耗水强度和腾发强度大小依次为处理 4>处理 5>处理 3>处理 6>处理 2>处理 1,处理 4 分别为 6.10 mm/d 和 4.79 mm/d,处理 1 分别为 4.83 mm/d 和 3.82 mm/d。处理 1~6 全生育期渗漏强度中处理 4 最大,为 1.31 mm/d;处理 1 最小,为 1.01 mm/d。控制灌溉使水稻全生育期平均每天消耗水量减少 2.2 mm/d,通过实施控制灌溉技术,可以使水稻主要耗水途径朝着节水高产方向发展,这对于水资源紧缺的黄淮海地区具有重要的意义。

2.2　不同灌溉方式对水稻产量及构成因素的影响

不同灌溉方式对水稻产量及其构成因素的影响见表 2-10 和表 2-11。从表 2-10 中可以看出,两种灌溉方式下穗长、有效穗数、穗粒数、结实率和千粒质量均无显著差异,产量差异显著。控制灌溉下穗长、穗粒数、结实率、千粒质量和产量分别比常规灌溉高 3.2%、6.1%、4.0%、0.3% 和 11.6%,而有效穗数较常规灌溉低 1.6%。由此可见,控制灌溉对产量的影响主要是增加了穗粒数和结实率,尤其是穗粒数增加了 6.1%,从而显著提高了产量。

控制灌溉整个生育期灌水 244.5 m^3/亩,常规灌溉则为 438.7 m^3/亩,灌溉水的生产效率分别为 2.6 kg/m^3 和 1.3 kg/m^3,控制灌溉同时提高了灌溉水生产效率。

表 2-10　不同灌溉方式灌溉水量与水稻产量及其构成因素(2012 年)

处理	穗长/cm	有效穗数/(万/亩)	穗粒数/个	结实率/%	千粒质量/g	产量/(kg/亩)	灌水量/(m^3/亩)
控制灌溉	25.5a	18.5a	174.9a	89.2a	29.5a	642.6a	244.5
常规灌溉	24.7a	18.8a	164.8a	85.8a	29.4a	575.9b	438.7

注:同一品种各处理间数值标以不同字母表示在 $P=0.05$ 水平上差异显著(下同)。

2013 年试验结果中可以看出(见表 2-11),各处理下有效穗数、穗粒数、千粒质量和产量均无显著差异,结实率处理 6 与处理 7 差异显著,实际产量处理 1 与其余处理差异显著。与处理 7 相比,处理 1、处理 2 和处理 3 产量分别下降 16.2%、0.6% 和 0.3%;处理 4、处理 5 和处理 6 分别增加 2.4%、2.5% 和 1.5%。

处理 4、处理 5 和处理 6 对产量的影响主要是增加了穗粒数和结实率,尤其是穗粒数,而有效穗数也高于处理 7,形成了更为合理的群体结构,从而提高了产量。处理 1 虽有较高的结实率和千粒质量,但有效穗数和穗粒数少,产量显著下降。

处理 1~7 水分生产效率分别为 1.25 kg/m^3、1.41 kg/m^3、1.33 kg/m^3、1.21 kg/m^3、1.26 kg/m^3、1.36 kg/m^3 和 0.94 kg/m^3,不同生育期适宜的土壤水分不仅能提高产量,也提高了水分生产效率。处理 1 各生育期土壤含水率下限为 60%,不能满足需水敏感期的水分需求(拔节孕穗和抽穗开花期),从而导致产量显著下降。而在未显著降低或增加产量的情况下,处理 2 和处理 6 灌水量相对较小,水分生产效率较高,但拔节孕穗期的土壤水分含量仅控制在 60%,若遇到干旱则产量大幅降低的风险也较高;处理 3、处理 4 和处理 5产量虽有所提高,但灌水量也随之增加,相比而言处理 3 的水分生产效率较高。因此,综合分析认为,各时期土壤含水量下限应控制在:分蘖期为 60%~70%(前期高,后期低),拔节孕穗期为 70%~75%,抽穗开花期为 75%~80%,乳熟期为 65%~70%。

表 2-11　不同处理灌溉水量与水稻产量及其构成因素(2013 年)

处理	有效穗数/ (万/亩)	穗粒数/ 个	结实率/ %	千粒质量/ g	产量/ (kg/亩)	灌水量/ (m³/亩)
1	16.0a	157.0a	0.87ab	28.6a	559.6b	270.7
2	17.5a	170.8a	0.86ab	27.4a	664.0a	279.5
3	17.2a	171.1a	0.86ab	27.8a	666.0a	307.8
4	18.8a	176.8a	0.87ab	27.8a	684.2a	359.5
5	19.5a	175.0a	0.87ab	27.6a	684.8a	343.4
6	19.2a	173.8a	0.88a	27.5a	677.8a	297.1
7	17.7a	169.0a	0.85b	28.0a	668.0a	493.2

2.3　不同灌溉方式对稻米品质的影响

两年试验结果表明:两种灌溉方式对稻米的加工品质(糙米率、精米率、整精米率)、外观品质(垩白度、垩白粒率)和直链淀粉含量均无明显影响(见表 2-12 和表 2-13)。2013 年试验中,处理 3、处理 4 和处理 5 的胶稠度明显高于处理 7,处理 1 和处理 2 略低于处理 7(见表 2-13),处理 6 与对照持平,说明在处理 3、处理 4 和处理 5 的灌溉水平下米胶较软,一定程度上改善了稻米的口感(与 2012 年结果一致)。

表 2-12　不同灌溉方式下稻米品质分析(2012 年)

处理	出糙 率/%	精米 率/%	整精米 率/%	粒长/ mm	垩白粒 率/%	垩白 度/%	直链淀 粉/%	胶稠 度/mm	氨基酸/ %	蛋白质 /%
常规灌溉	82.0	73.0	67.2	6.0	77	10.0	23.4	43	7.85	8.32
控制灌溉	81.1	72.4	64.0	6.1	81	8.9	23.0	52	8.01	8.96

表 2-13　不同灌水处理对稻米品质的影响(2013 年)

处理	出糙 率/%	精米 率/%	整精米 率/%	粒长/ mm	垩白粒 率/%	垩白 度/%	直链淀 粉/%	胶稠 度/mm
1	78.0	60.9	36.1	6.0	87	19.1	19.4	34
2	78.5	62.0	33.5	6.2	82	18.9	19.4	35
3	78.3	66.5	38.2	6.2	86	18.9	20.4	50
4	78.3	66.8	38.0	6.1	87	19.1	19.2	49
5	78.7	66.6	33.7	6.1	90	20.7	20.2	50
6	78.5	67.9	33.0	6.1	93	20.5	20.0	40
7	78.2	65.7	34.6	6.1	80	15.2	19.9	40

蛋白质和氨基酸含量是稻米品质的重要指标,控制灌溉稻米中蛋白质和氨基酸含量分别为 8.96% 和 8.01%,略高于常规灌溉的 8.32% 和 7.85%(见表 2-12)。一般来说,土壤通气状况好,好氧微生物活动活跃,有机质分解迅速,氮素矿化速率高,土壤中有效态氮含

量高,同时水稻根系发达,代谢旺盛,能够吸收较多的氮素以供应籽粒中蛋白质的合成,提高籽粒中蛋白质含量。

氨基酸是蛋白质的基本成分,定量分析稻米中人体必需的 9 种氨基酸的含量更能详细地反映稻米的营养品质。人体必需氨基酸总量在两种处理下相差无几,控制灌溉仅比常规灌溉低 0.01 个百分点(见表 2-14)。从人体必需氨基酸含量在总氨基酸含量中的比例和在蛋白质含量中的比例来看,控制灌溉均高于常规灌溉,这说明控制灌溉在一定程度上改善了稻米的营养品质。

表 2-14 不同灌溉方式下稻米中人体必需氨基酸指标(2012 年)   %

指标	常规灌溉	控制灌溉
苏氨酸	0.28	0.27
缬氨酸	0.49	0.54
蛋氨酸	0.15	0.21
异亮氨酸	0.35	0.34
亮氨酸	0.7	0.68
苯丙氨酸	0.5	0.54
赖氨酸	0.34	0.34
组氨酸	0.21	0.22
精氨酸	0.79	0.66
总计	3.81	3.80
人体必需氨基酸/总氨基酸	47.57	48.41
人体必需氨基酸/蛋白质	42.52	45.67

2.4 不同灌水处理对水稻生长的影响

2.4.1 不同灌溉方式对水稻叶片光合特性的影响

拔节孕穗期至黄熟期,不同灌溉模式下水稻叶片净光合速率、叶片蒸腾速率和叶片气孔导度的变化呈下降趋势(见图 2-3、图 2-4、图 2-5),土壤水分的控制在一定程度上影响水稻的光合特性。处理间对比发现,控制灌溉的净光合速率、蒸腾速率和气孔导度低于常规灌溉,尤其是净光合速率和蒸腾速率,在黄熟期差异达显著水平。不同的是,黄熟期控制灌溉气孔导度反而高于常规灌溉,这表明黄熟期控制灌溉水稻叶片虽然蒸腾速率低,但气孔开度较大,仍能保持一定程度的蒸腾,具有更好的抵抗水分亏缺的能力。综合分析控制灌溉条件下水稻净光合速率、气孔导度和蒸腾速率的变化规律可以发现,控制灌溉条件下水稻净光合速率、气孔导度和蒸腾速率均出现下降,随土壤水分的降低,气孔导度和蒸腾速率下降更为明显,而净光合速率下降幅度较小,表明控制灌溉的叶片具有较好的生理适应性。

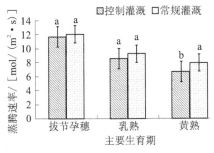

图 2-3　叶片净光合速率(2012 年)

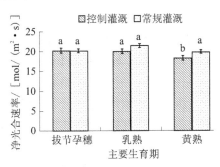

图 2-4　叶片蒸腾速率(2012 年)

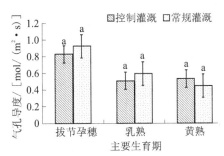

图 2-5　不同灌溉方式下水稻叶片气孔导度(2012 年)

2.4.2　不同灌溉方式对水稻生长特性的影响

2012 年和 2013 年的试验结果中,常规灌溉和控制灌溉对水稻株高、茎蘖动态和叶面积指数的影响基本一致,仅以 2013 年结果为例分析。

控制灌溉各处理水稻群体株高较矮,处理 1~6 与处理 7 的 126.4 cm 相比分别低 8.3%、3.7%、3.3%、3.5%、3.0% 和 1.2%(见图 2-6)。返青期至齐穗期是水稻株高增长速率最快的时期,通过进一步分析株高的日增长量发现,分蘖期和拔节抽穗阶段的日增长量控制灌溉各处理平均较常规灌溉低 4.5% 和 3.0%。控制灌溉各处理株高大小依次为处理 6>处理 5>处理 3>处理 4>处理 2>处理 1。在水稻的营养生长期,控制灌溉通过水分调控,使其分蘖旺盛,而株高增加较缓,日增长量小于常规灌溉处理;拔节孕穗期,植株吸收的养分主要用于茎秆生长和组织强度的增加,同时抑制了无效分蘖;进入抽穗开花阶段,避免与稻穗生长发育争夺营养,日增长量仍小于常规灌溉处理,并保持到最终。

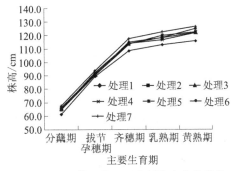

图 2-6　不同灌溉处理下水稻株高变化趋势

不同灌溉处理水稻的分蘖动态显示(见图 2-7),控制灌溉处理 1~6 茎蘖数低于处理7,但分蘖成穗率高于处理 7,处理 1~6 单株有效穗数分别为 9.6 个、10.5 个、10.3 个、11.3个、11.7 个和 11.5 个,处理 7 为 10.6 个,即控制灌溉具有更高的分蘖成穗率,实现了对水稻群体生长的调控。返青期控制灌溉各处理水稻茎蘖量与处理 7 基本持平,随生育期的延续,分蘖速率逐渐增加,进入分蘖高峰期,控制灌溉通过对土壤水分进行调控,控制营养生长,各处理间差异开始显现,并且随生育期延续差异趋于明显。处理 1、处理 2 和处理 3最大分蘖数少于处理 4、处理 5 和处理 6,与土壤水分控制下限较低有关。从茎蘖量达到最大值后的茎蘖消亡过程来看(移栽后 35~45 d),控制灌溉各处理平均茎蘖消亡量分别为 5.0 个和 3.9 个,低于常规灌溉的 5.5 个和 6.3 个,这与营养生长阶段土壤水分调控导致的生长限制有关,表明前期水分调控导致最大茎蘖量减小,在经过一定水分亏缺锻炼后,水稻后期生长表现出一定的反弹补偿作用,茎蘖消减量减小。控制灌溉土壤水分调控对植株分蘖起到了一定的限制作用,最高茎蘖量减小,而在茎蘖消退的阶段,控制灌溉水稻茎蘖消退的速率低于常规灌溉,具有较高的分蘖成穗率,表现出一定的补偿生长效应(如处理 4、处理 5 和处理 6),但若土壤水分控制过低则会导致茎蘖数明显降低且没有补偿效应产生(处理 1、处理 2 和处理 3)。

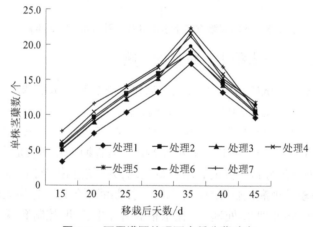

图 2-7　不同灌溉处理下水稻分蘖动态

控制灌溉水稻各处理不同生育期叶面积指数(LAI)呈两头小、中间大的陡峰变化(见图 2-8),与茎蘖动态变化规律较为一致,生育初期较低,进入分蘖高峰期,随茎蘖数迅速增加叶面积快速增大,在齐穗期达到最大值,灌浆成熟期逐渐下降。

水稻蒸腾量的大小及其变化与叶片气孔运动规律有关,而在群体上则与叶面积的大小及发展过程有关。叶面积指数增大时,叶片蒸腾的面积和气孔数量都增加,蒸腾量也相应增大。拔节孕穗和抽穗开花期,控制灌溉各处理无效分蘖少,叶面积指数小于处理 7,单位叶面积的水稻叶面蒸腾和气孔数量都小于对照处理,蒸腾量减少。在分蘖期、乳熟期和黄熟期,处理 3、处理 4 和处理 5 的叶面积指数大于处理 7,但由于气温相对较低,叶片蒸腾强弱主要受气孔开闭活动控制,其蒸腾量仍小于处理 7。而处理 1、处理 2 和处理 6 在分蘖、乳熟和黄熟期叶面积指数仍小于处理 7,可能与其土壤水分下限较低有关。

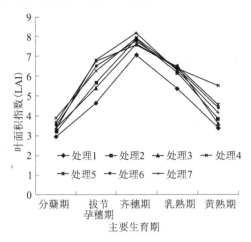

图 2-8 不同灌溉处理下水稻叶面积指数变化

从不同灌溉处理地上部干物重的变化可以看出(见图 2-9),处理 4 和处理 5 在各生育期的地上部干物重均较高,其产量也较高。处理 1~7 齐穗期的地上部干物质积累量分别为 740.8 kg/亩、901.7 kg/亩、920.2 kg/亩、964.9 kg/亩、943.9 kg/亩、931.0 kg/和 901.6 kg/亩,收获时各处理的地上部干物质积累量分别为 1 397.2 kg/亩、1 520.4 kg/亩、1 577.9 kg/亩、1 715.1 kg/亩、1 657.1 kg/亩、1 613.9 kg/亩和 1 544.4 kg/亩,处理 1~7 齐穗至成熟期间增加的地上部干物重分别占产量的 72.4%、73.4%、76.3%、87.0%、85.7%、82.0%和 75.8%,除处理 1 和处理 2 低于处理 7 之外,处理 3~6 均高于处理 7,说明适宜的土壤水分控制能够促进花后干物质向籽粒的转移,进而提高产量。

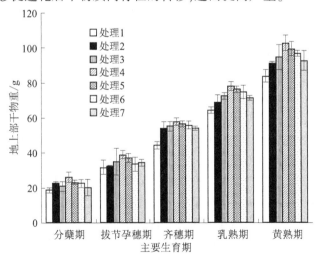

图 2-9 不同灌溉处理水稻地上部干物重变化

第 3 章　水稻分蘖期旱涝交替胁迫试验

采用盆栽试验,以常规灌溉为对照(CK),研究了水稻在分蘖期轻度的旱涝交替胁迫(T-LD)和重度的旱涝交替胁迫(T-HD)处理中分蘖期胁迫前、后及复水后各个生育期的部分生理指标变化,以探讨旱涝交替胁迫对水稻生长影响的机制。结果表明,T-LD 处理的水稻叶片硝酸还原酶(NR)活性显著高于 T-HD 处理和 CK 的叶片硝酸还原酶(NR)活性;与 CK 相比,旱涝交替胁迫处理显著降低了水稻叶片中丙二醛(MDA)的摩尔质量和谷氨酰胺合成酶(GS)活性,旱涝交替胁迫处理显著增加了水稻叶片中叶绿素的总量;复水后(黄熟期)GS 活性均明显提高并高于 CK。这说明分蘖期旱涝交替胁迫可以增强水稻叶片的生理活性,延缓叶片衰老,不会降低水稻后期的耐淹能力。

3.1　研究目的

干湿交替能够显著影响土壤养分状况、物理结构和微生物活动,对有机质和养分转化的影响主要通过影响土壤理化性质和微生物特性来实现[1-3]。通过研究干湿交替对不同作物的影响发现,春小麦和马铃薯在干湿交替环境下水分利用效率显著提高,而大豆和玉米出现不同程度减产,水分利用效率显著降低,另外,浇水后各作物的光合效率、蒸腾速率和气孔导度都有所增加[4],且干湿交替后玉米叶片渗透调节能力明显增加,叶片生长表现出补偿效应[5]。

由于水稻生长期与雨季重合,其间暴雨较多,我国南方地区水稻常遭受旱涝交替胁迫灾害。郭相平等[6]提出了蓄水控灌技术,即在保持较低灌水下限的同时,提高雨后蓄水深度,以充分利用水稻的抗旱、耐淹特性,提高雨水利用效率,减少灌排成本,但水稻可能受到旱-涝-旱的交替胁迫。已有研究结果表明,旱涝急转模式下,旱胁迫对水稻叶片生理活性的抑制作用大于涝胁迫,表现为叶片光合速率、根系活力等指标较干旱胁迫时有所提高,但深度淹水处理则继续下降[7];此外,轻旱与轻涝交替条件下水稻仍可获得高产,而轻旱与重涝交替则会引起水稻减产[8]。陆红飞等[9]研究表明,分蘖期和拔节期旱涝交替胁迫能显著降低光合速率、气孔导度和胞间二氧化碳质量浓度,却提高了水分利用效率。水稻经历旱涝交替胁迫后生长指标的变化,受诸多内在因素的影响。丙二醛作为膜脂过氧化的终产物,其常被作为细胞膜损伤程度大小的生理指标和质膜过氧化指标,反映细胞膜脂过氧化程度和植物对逆境条件反应的强弱[10],硝酸还原酶(NR)和谷氨酰胺合成酶(GS)与植物氮代谢密切相关,对植物生长、发育、蛋白质量以及最终产量都有重要影响[11-15],叶绿素影响作物光合能力,是反映植物叶片衰老的重要参数[16-17]。上述生理指标之间存在着复杂的作用机制,针对旱-涝-旱交替胁迫模式是否会对水稻分蘖期的生理指标影响较大,进而影响水稻后期的耐淹能力,目前尚不确定。因此,试图从水稻生理指标的变化来阐述旱涝交替胁迫对水稻耐淹能力的影响,为蓄水控灌技术提供理论依据。

3.2　试验材料与方法

3.2.1　试验材料与地点

水稻盆栽试验于 2013 年 5~10 月在河海大学南方地区高效灌排与农业水土环境教育部重点实验室玻璃温室内进行,水稻供试品种为当地常用高产品种"南粳 44"。试验土壤取自水稻试验区,土壤类型为黏壤土,田间质量持水率为 31.4%(FC)。经晒干、打碎、过筛后,均匀施肥,每盆施肥量为尿素($CO(NH_2)_2$)1.63 g、硫酸钾(K_2SO_4)0.65 g、磷酸二氢钾(KH_2PO_4)1.9 g、有机肥 12.5 g。试验用塑料桶底部直径 18 cm,上部直径 24 cm,盆深 25.5 cm,每盆装干土 7.5 kg,干土含水率为 10.84%。

3.2.2　试验设计

试验于 2013 年 5 月 8 日育秧,6 月 21 日选择三叶一心大小基本一致的秧苗移栽,每盆种植 3 穴,每穴移栽 2 株。

试验共设置 3 个灌溉处理,分别为常规灌溉(CK)、轻旱–轻涝–轻旱处理(T-LD)、重旱–轻涝–重旱处理(T-HD)。常规灌溉(CK)为浅水勤灌;轻涝处理考虑了传统淹灌分蘖期的允许最大淹水深度,江淮地区、太湖流域 20 年一遇暴雨后可能的蓄水深度[18],旱胁迫分为重旱(土壤含水率上下限分别为 60%FC[19] 和 70%FC)和轻旱(土壤含水率上下限分别为 70%FC 和 80%FC);于水稻分蘖期开始胁迫,每个胁迫历时 5 d,旱胁迫(7 月 21~25 日),旱胁迫结束转入轻涝胁迫(7 月 26~30 日),轻涝胁迫结束再次转入旱胁迫(8 月 7~11 日),8 月 12 日胁迫结束转入常规灌溉,旱胁迫期间采用称重法控制土壤水分,轻涝胁迫通过将盆栽移到对应水位的水箱来实现。每个处理种植 20 盆。试验方案见表 3-1。

表 3-1　水稻盆栽试验设计方案

处理	胁迫情况	生育阶段	水分控制
CK	无	全生育期(黄熟期除外)	浅水勤灌(埋深 5 cm)
T-LD	轻旱–轻涝–轻旱	分蘖期	70%FC~80%FC+10 cm+70%FC~80%FC
T-HD	重旱–轻涝–重旱	分蘖期	60%FC~70%FC+10 cm+60%FC~70%FC

注:T-LD、T-HD 是 Tillering-Light Drought、Tillering-Heavy Drought 的缩写;表中百分数为灌水控制上下限。

3.2.3　测试指标与方法

(1)土壤含水率:用称质量法,采用感量为 1 g 的 OYZOK 型天平,旱胁迫期间,每天上午 8:00 和下午 6:00 各称质量 1 次,当土壤含水率低于或接近灌水下限时,人工灌水至灌水上限,维持盆内土壤含水率处于相应生育阶段的灌水上限和灌水下限之间;另在盆栽中埋设土壤负压计,观测土壤水分状况。

(2)叶绿素、丙二醛(MDA)、硝酸还原酶(NR)、谷氨酰胺合成酶(GS):采用双组分光光度计法,所用分光光度计为上海元析 UV-8000A 型,测试方法参照文献[14],测试叶片为倒二叶,在分蘖期胁迫前后以及复水后的每个生育期各测定 1 次,其中叶绿素在其余生长阶段间隔 5~10 d 测定 1 次。

采用 Excel 2007 进行数据统计,SPSS19.0 进行数据处理,采用 Duncan's 新复极差法进行方差分析。

3.3 结果与分析

3.3.1 分蘖期旱涝交替胁迫对水稻叶片中丙二醛(MDA)摩尔质量的影响

由表 3-2 可知,分蘖期旱涝交替胁迫处理后,轻旱-轻涝-轻旱(T-LD)和重旱-轻涝-重旱(T-HD)处理的水稻叶片丙二醛的摩尔质量浓度分别比 CK 降低了 9.31% 和 7.92%,差异不显著,说明分蘖期旱涝交替胁迫处理可以降低叶片中丙二醛的摩尔质量,减缓水稻叶片细胞膜脂的过氧化程度;各胁迫处理复水至拔节期,T-LD 和 T-HD 处理丙二醛的摩尔质量分别较 CK 降低了 28.49% 和 27.78%,说明分蘖期旱涝交替胁迫可以降低水稻叶片中丙二醛的摩尔质量,且表现出一定的后效性;复水至黄熟期,胁迫处理叶片丙二醛的摩尔质量均低于 CK,但差异不显著,且 T-HD 处理最小,表明前期适度的旱涝交替胁迫可以减缓后期叶片细胞膜脂的过氧化程度,延缓叶片衰老。

表 3-2 分蘖期旱涝交替胁迫对水稻生理指标的影响

生理指标	处理	分蘖前期	分蘖期胁迫后	拔节期	灌浆期	黄熟期
丙二醛/(μmol/g)	T-LD	8.37	14.32a	6.05a	12.43a	16.41a
	T-HD	8.37	14.54a	6.11a	12.11a	15.78a
	CK	8.37	15.79a	8.46a	11.69a	24.22a
硝酸还原酶/[μg/(g·h)]	T-LD	4.56	65.48a	1.89a	19.21ab	1.83a
	T-HD	4.56	18.09b	6.03a	21.21a	1.75a
	CK	4.56	17.83b	2.76a	8.91b	2.19a
可溶性蛋白质/(mg/g)	T-LD	2.31a	2.32a	2.64a	1.99a	1.54a
	T-HD	2.31a	2.11a	2.63a	1.99a	1.62a
	CK	2.31a	2.19a	2.44a	1.96a	1.61a
GS 活性/(mg^{-1}·h^{-1})	T-LD	0.10a	0.24a	0.34bc	0.57a	0.46a
	T-HD	0.10a	0.22a	0.37c	0.49a	0.43a
	CK	0.10a	0.28a	0.52a	0.53a	0.24b

注:表中数据为各处理平均值($n=3$),不同的小写字母表示同一列数值在 $P=0.05$ 水平上的显著性差异,下同。

3.3.2 分蘖期旱涝交替胁迫对水稻叶片硝酸还原酶活性的影响

分析表 3-2 可知,分蘖期胁迫结束后,轻旱-轻涝-轻旱处理(T-LD)水稻叶片 NR 活性显著高于重旱-轻涝-重旱处理(T-HD)和 CK,分别是 T-HD 处理和 CK 的 3.62 倍和 3.67 倍;复水至灌浆期,胁迫处理的 NR 活性均高于 CK,其高低依次是:T-HD 处理>T-LD 处理>CK,分别为 CK 的 2.16 倍和 2.38 倍,其中 T-HD 处理与 CK 差异显著;复水至黄熟期,各胁迫处理水稻叶片 NR 活性均低于 CK,但各处理之间差异不显著。由此可知,分蘖期和灌浆期胁迫处理 NR 活性均高于 CK,表现出一定的补偿效应,且胁迫程度越大,到灌浆期其补偿效应越明显,表明旱涝交替胁迫处理可以提高水稻灌浆期对氮素的吸收能力。这可能是由于 NR 活性对土壤中的水分具有较强的敏感性。水稻全生育期叶片 NR 活性表现出双峰变化,分蘖期和灌浆期为波峰,NR 活性较高,其他时期 NR 活性较低。水稻叶片 NR 活性的变化对水稻施肥有一定的指导意义,分蘖期和灌浆期加施氮肥有利于水稻高产。

3.3.3　分蘖期旱涝交替胁迫对水稻叶片中可溶性蛋白质的影响

分析表 3-2 可知,分蘖期胁迫后,T-LD 处理叶片中可溶性蛋白质含量高于 CK 和 T-HD 处理,但差异不显著,复水至拔节期,T-LD 处理和 T-HD 处理叶片中可溶性蛋白质含量分别较 CK 增加了 8.09% 和 7.79%,这可能是分蘖期旱涝交替胁迫处理对叶片中蛋白质的影响在拔节期显现出一定的后效性,促进氮素的吸收和转化,进而提高叶片可溶性蛋白质量;复水至灌浆期和黄熟期,胁迫处理的水稻叶片中可溶性蛋白质接近 CK。

3.3.4　分蘖期旱涝交替胁迫对水稻叶片中谷氨酰胺合成酶活性的影响

由表 3-2 可知,分蘖期水分胁迫后,T-LD 处理和 T-HD 处理叶片中谷氨酰胺合成酶(GS)活性分别较 CK 降低了 15.76% 和 21.55%,处理间差异不显著;复水至拔节期时,CK 叶片 GS 活性显著高于 T-LD 处理和 T-HD 处理,分别为二者的 1.55 倍和 1.39 倍,且差异显著,表明分蘖期旱涝交替胁迫对拔节期叶片 GS 合成有一定的抑制作用。复水后,灌浆期水稻叶片 GS 活性由高到低为:T-LD 处理>CK>T-HD 处理,处理间差异不显著;黄熟期水稻叶片中 GS 活性最高的是 T-LD 处理,T-HD 处理次之,CK 最低,T-LD 处理和 T-HD 处理分别达到 CK 的 1.93 倍和 1.80 倍。这表明分蘖期水分胁迫对生育后期叶片 GS 活性有显著的后效性,增强叶片中谷氨酰胺合成酶的活性,促进水稻对氮素营养的吸收和利用,并且在生育后期仍能使叶片中保持较高的氮素水平,从而有利于防止叶片早衰和保证后期光合作用的进行,促进籽粒灌浆充实,有利于提高稻谷产量和品质。

3.3.5　分蘖期旱涝交替胁迫对水稻叶片叶绿素总量的影响

分蘖期水稻各处理叶绿素总量变化如图 3-1 所示。由图 3-1 可知,分蘖期旱胁迫后(7 月 26 日),水稻叶片中叶绿素总量高低依次是:T-HD 处理>T-LD 处理>CK,T-HD 处理和 T-LD 处理分别较 CK 增加了 21.67% 和 10.86%,且差异显著。可能是在一定胁迫程度下,由于叶片生长受到抑制,而叶绿素和类胡萝卜素分解较少或者没有分解,导致叶绿素和类胡萝卜素量产生浓缩现象,与姚磊等[21]研究结论类似。分蘖期旱胁迫转入轻涝后(7 月 31 日),T-LD 处理和 T-HD 处理的叶绿素总量迅速下降,叶绿素总量最高的是 CK,最低的是 T-HD 处理,但处理间差异不显著;轻涝转旱胁迫过程中(8 月 5 日),T-LD 处理和 T-HD 处理叶绿素总量分别较 CK 降低了 4.18% 和 10.97%,且 T-HD 处理与 CK 之间差异显著,轻涝转旱胁迫结束后(8 月 12 日),各处理间叶绿素总量无明显差异;旱涝交替胁迫结束复水后 5 d,T-LD 处理和 T-HD 处理叶绿素总量较 CK 增加 5.33% 和 5.30%,但差异不显著,旱涝交替胁迫结束复水后,叶片中叶绿素总量接近或者超过 CK。分蘖期适度的旱涝交替胁迫可以增加水稻叶片中叶绿素总量,有效地提高水稻植株的光合能力。

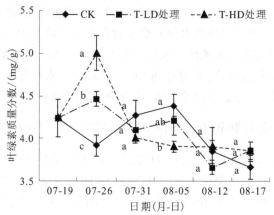

图 3-1　分蘖期旱涝交替胁迫对水稻叶片叶绿素质量分数的影响

3.4　本章小结

(1)分蘖期旱涝交替胁迫可以降低水稻叶片中丙二醛的摩尔质量,提高水稻在逆境下的生存能力,前期适度的旱涝交替胁迫可以减缓后期叶片细胞膜脂的过氧化程度,延缓叶片衰老。已有研究结果表明[22-23],水稻在受到单一的干旱胁迫或者淹涝后,水稻叶片中的丙二醛摩尔质量升高,但本研究结果表明分蘖期旱涝交替胁迫可以降低水稻叶片中丙二醛摩尔质量,较单一胁迫相比表现出一定的补偿效应;分蘖期旱涝交替胁迫可以增加水稻叶片中可溶性蛋白质含量,尤其是旱涝交替胁迫复水至拔节期,促进了氮素的吸收和转化。因此,分蘖期旱涝交替胁迫不会降低水稻的耐淹能力。

(2)分蘖期旱涝交替胁迫处理可以增强水稻分蘖期和灌浆期叶片中 NR 活性,可以提高水稻分蘖期和灌浆期对氮素吸收能力,这与徐志文研究结果一致,叶片 NR 活性在水稻整个生育期内呈现一定的规律性,一般在分蘖期活性最强,随生育进程推进活性逐渐降低,在成熟期最弱。分蘖期旱涝交替胁迫结束时,降低了水稻叶片中 GS 活性,但是复水至生育后期,水稻叶片中 GS 活性接近或高于 CK,说明旱涝交替胁迫复水后,对水稻叶片中 GS 活性起到了一定的补偿作用,促进生育后期水稻对氮素营养的吸收和利用。

(3)分蘖期旱涝交替胁迫处理可以提高水稻叶片中叶绿素含量,可以有效地提高水稻植株的光合能力,这与郝树荣[24]等研究结果一致,前期适度的胁迫后复水使水稻后期保持了较大的光合面积,明显降低生育后期叶绿素的降解,使功能叶在生育后期维持较高的光合效率,有利于干物质积累。

参　考　文　献

[1]BRAVO-GARZA MARIA R, BRYAN RORKE B, VORONEY PAUL. Influence of wetting and drying cycles and maize residue addition on the formation of water stable aggregates in Vertisols[J]. Geoderma, 2009, 151(3-4): 150-156.

［2］PESARO M, NICOLLIER G, ZEYER J, et al. Impact of soil drying-rewetting stress on microbial communities and activities and on degradation of two crop protection products［J］. Applied & Environmental Microbiology, 2004, 70(5): 2577-2587.

［3］张威, 张旭东, 何红波, 等. 干湿交替条件下土壤氮素转化及其影响研究进展［J］. 生态学杂志, 2010,29(4): 783-789.

［4］山仑, 苏佩, 郭礼坤, 等. 不同类型作物对干湿交替环境的反应［J］. 西北植物学报, 2000, 20(2): 164-170.

［5］梁宗锁, 康绍忠, 邵明安, 等. 土壤干湿交替对玉米生长速度及其耗水量的影响［J］. 农业工程学报, 2000, 16(5): 38-40.

［6］郭相平, 袁静, 郭枫, 等. 水稻蓄水-控灌技术初探［J］. 农业工程学报, 2009, 25(4): 70-73.

［7］郭相平, 袁静, 郭枫, 等. 旱涝快速转换对分蘖后期水稻生理特性的影响［J］. 河海大学学报(自然科学版), 2008, 36(4): 516-519.

［8］郭以明, 郭相平, 樊峻江, 等. 蓄水控灌模式对水稻产量和水分生产效率的影响［J］. 灌溉排水学报, 2010,29(3):61-63.

［9］陆红飞, 郭相平, 甄博, 等. 旱涝交替胁迫条件下粳稻叶片光合特性［J］. 农业工程学报, 2016,32(8):105-112.

［10］史跃林, 罗庆熙, 刘佩瑛. Ca^{2+} 对盐胁迫下黄瓜幼苗中 CaM、MDA 含量和质膜透性的影响(简报)［J］. 植物生理学通讯, 1995(5):347-349.

［11］TW B, HIREL B C E. Glutamine synthetase and glutamate dehydrogenase isoforms in maize leaves: localization, relative proportion and their role in ammonium assimilation or nitrogen transport［J］. Planta, 2000, 211(6):800-806.

［12］GONZALEZ-MORO B, MENA-PETITE A, LACUESTA M, et al. Glutamine synthetase from mesophyll and bundle sheath maize cells: isoenzyme complements and different sensitivities to phosphinothricin［J］. Plant Cell Reports, 2000, 19(11):1127-1134.

［13］SCHRADER L E, RITENOUR G L, EILRICH G L, et al. Some characteristics of nitrate reductase from higher plants［J］. Plant Physiology, 1968, 43(6):930-940.

［14］金正勋, 钱春荣, 杨静, 等. 水稻灌浆成熟期籽粒谷氨酰胺合成酶活性变化及其与稻米品质关系的初步研究［J］. 中国水稻科学,2007,21(1):103-106.

［15］徐志文, 谢振文. 水稻生育期内硝酸还原酶活性的变化趋势研究［J］. 安徽农业科学,2008,36(34): 14919-14920.

［16］刘贞琦, 刘振业, 马达鹏, 等. 水稻叶绿素含量及其与光合速率关系的研究［J］. 作物学报, 1984,10(1):57-62.

［17］孟军, 陈温福, 徐正进, 等. 水稻剑叶净光合速率与叶绿素含量的研究初报［J］. 沈阳农业大学学报, 2001,32(4):247-249.

［18］房宽厚, 赖伟标. 农田灌溉与排水［M］. 北京:水利电力出版社,1993.

［19］李百凤, 冯浩, 吴普特. 作物非充分灌溉适宜土壤水分下限指标研究进展［J］. 干旱地区农业研究, 2007,25(3):227-231.

［20］张宪政. 植物生理学实验技术［M］. 沈阳:辽宁科学技术出版社,1989.

［21］姚磊, 杨阿明. 不同水分胁迫对番茄生长的影响［J］. 华北农学报,1997,12(2):103-107.

［22］张烈君. 水稻水分胁迫补偿效应研究［D］. 南京:河海大学,2006.

［23］李玉昌, 李阳生, 李绍清. 淹涝胁迫对水稻生长发育危害与耐淹性机制研究的进展［J］. 中国水稻科学,1998,12(增刊):70-76.

［24］郝树荣, 郭相平, 王文娟. 旱后复水对水稻生长的后效影响［J］. 农业机械学报,2010,41(7):76-79.

第 4 章　水稻晒田期水分管理试验研究

晒田是稻田水分管理的重要环节,是水稻获得高产稳产的保障措施。本书采用测坑和大田试验,分析了不同晒田处理下轻度晒田(QS)、滞后晒田(ZS)、不晒田(BS)与目前常用的正常晒田(CK,对照)模式下,水稻生长指标、生理指标和产量性状的差异,对南方易涝易渍地区水稻生长的影响机制进行了探讨。结果表明,与正常晒田相比,滞后晒田处理的茎蘖数、叶绿素含量、根系活力有所减少,但差异不显著,测坑试验的千粒质量和产量分别增加 1.28%、8.87%,大田试验的千粒质量和产量分别增加 5.65%、9.19%。但轻度晒田和不晒田处理产量降低,千粒质量和结实率的降低是 QS 和 BS 减产的主要原因。上述情况表明,滞后晒田可以提高水稻的结实率和千粒质量,增加水稻产量。现有晒田模式下南方易涝易渍地区推迟 2 d 晒田不会降低水稻产量。

4.1　研究目的

晒田是稻田水分管理的一个关键环节,是一项抑制与促进相结合的科学技术措施,它对水稻高产优质高效起着重要作用[1]。晒田实际上就是在作物生长早期进行适度的水分胁迫,促使叶片降低气孔导度来减少水分的损失,以维持机体的正常生理活动,削弱水分亏缺所带来的影响,增强体内抗氧化酶的活性,激活作物内在的抗胁迫补偿机制,提高作物的抵抗能力,促进作物生长和产量形成[2]。长期淹水对根系通气组织的泌氧功能影响较大,影响根的下扎深度,且稻田土壤长期处于还原状态,将致使根系生长不良[3]。晒田技术可以改良土壤环境,增加土壤表面通气性,增强根系活力,加强微生物活动;促进生理转化,抑制无效分蘖,巩固有效分蘖,提高分蘖成穗率;也可以促使秸秆坚硬,增强抗逆能力,防止水稻后期倒伏[4],还能够调控作物生长冗余,改变同化物在营养器官和籽粒之间的分配比例等。也有学者对拔节期晒田管理进行了细致研究[5]。国内外学者关于水稻晒田技术对分蘖、病虫害和产量的研究较多,但针对晒田技术对水稻生长机制的研究较少。由于晒田技术的关键是时间和程度,本研究主要是针对南方农田易涝易渍、地下水位过高的问题,探讨不同程度的晒田对易涝易渍地区水稻株高、分蘖等生长指标和叶绿素、根系活力等生理生化指标及产量要素的影响,试从生理角度来分析不同程度的晒田对水稻生长的影响,从而提出适合南方易涝易渍地区的水稻晒田控制指标。

4.2　试验材料与方法

4.2.1　试验区概况

试验于 2013 年 5~10 月在湖北省荆州市四湖工程管理局排灌试验站进行。该试验站处于江汉平原腹地、湖北省的中南部(30°21′N,112°31′E),属于北亚热带季风气候,冬冷夏热,四季分明,年平均降雨量 1 111.6 mm,年平均蒸发量 1 053.5 mm,年平均气温16.5 ℃,年无霜期 280 d,年平均日照时数 1 673 h。土壤田间持水率为 30.7%(重量含水量),试验区土壤性质为中性黏土,肥力中等,水稻种植期间试验区的降雨资料见表 4-1,气象资料见图 4-1。

表 4-1　试验区降雨资料

日期(月-日)	日降雨量/mm	日期(月-日)	日降雨量/mm	日期(月-日)	日降雨量/mm
06-01	0.5	07-05	1.5	08-25	8.6
06-06	60.3	07-06	49.9	09-02	2.9
06-07	1.5	07-20	17.5	09-03	4.2
06-10	10.3	07-21	44.2	09-04	23.2
06-20	0.1	08-02	8.5	09-05	6.8
06-22	0.9	08-04	0.6	09-06	0.8
06-25	27.1	08-21	0.1	09-07	0.8
06-26	17.9	08-23	27.2	09-08	0.6
06-27	0.9	08-24	38.4		

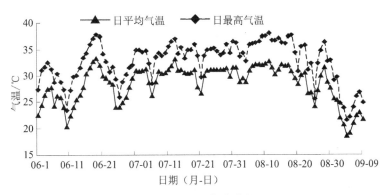

图 4-1　试验区气象资料

4.2.2　试验设计与供试材料

晒田程度的强弱因土壤性质、气候条件的不同而不同。根据本试验所处土壤性质及地下水位等情况,并根据农业生产中晒田技术,在分蘖末期和拔节初期实施晒田处理试验,试验共设 4 种不同处理的晒田,分别为轻度晒田(QS)、滞后晒田(ZS)、不晒田(BS)、正常晒田(对照 CK),具体处理见表 4-2。

试验采用测坑和大田试验,测坑长×宽 = 2 m×2 m,大田长×宽 = 50 m×12 m,水稻供试品种为当地常用高产品种"D 优 33",于 2013 年 5 月 3 号进行水稻育秧,6 月 1 日三叶一心时选择大小基本一致的秧苗移栽,水稻行距 30 cm,株距 25 cm,每穴 2 株。

表 4-2　2013 年水稻试验设计方案

处理	历时时间(月-日)	土壤表面状况
轻度晒田(QS)	07-09～07-12	晒到泥土紧皮,泥不沾手,田面出现丝状裂缝[6]
滞后晒田(ZS)	07-11～07-16	晒到田边发白,田面出现鸡爪裂[6]
不晒田(BS)	全生育期	保持 3～5 cm 水层
正常晒田(CK)	07-09～07-14	晒到田边发白,田面出现鸡爪裂[6]

4.2.3　观测指标及测定方法

(1)生长指标(测坑)。株高、分蘖数;5 d 测定一次,按相关试验规范进行测定。

(2)生理指标。叶绿素:参照李合生[7]方法测定,测试叶片为倒二叶,在晒田前后及复水后测定;根系活力:采用 TTC 法[8],在晒田前后及复水后测定。

(3)产量要素。水稻成熟后(9 月 10 日)每个处理取 5 穴考种,每穴测定项目主要有有效穗数、穗粒数、千粒质量;测坑水稻全部收割进行实际产量测定,大田采用五点取样法对每个代表性田块进行考种测产。

4.3　结果与分析

4.3.1　不同晒田处理对水稻株高的影响

株高是水稻重要的农艺性状之一。它能体现植株整个生育期的生长发育,并对土壤水分变化反应灵敏,且变化较稳定。适宜的株高是水稻高产的重要条件,同时也是制约生物学产量的重要因素。

晒田结束后,水稻植株株高的高低依次是:滞后晒田>轻度晒田>不晒田>正常晒田。其中,滞后晒田处理的植株株高分别比轻度晒田、不晒田、正常晒田的高出 5.33 cm、7.33 cm 和 8.33 cm,说明滞后晒田对水稻株高的增加具有一定的促进作用;复水 10 d 后,水稻株高增速有明显差异,增速最大的是轻度晒田,增速最小的是正常晒田,说明轻度晒田复水后,水稻植株株高的增加表现出一定的补偿作用,而正常晒田,短期的复水对水稻植株株高的增加表现出一定的后效性,具有一定的抑制作用;复水 15 d 后,水稻株高的高低依次是:滞后晒田>不晒田>轻度晒田>正常晒田,但是,增速最大的是滞后晒田,5 d 增加了 12 cm,增速最小的是轻度晒田,5 d 仅增加了 2.33 cm,说明轻度晒田复水后,水稻株高的增加不太明显;复水 20 d 后,滞后晒田的水稻株高明显高于其他处理,较正常晒田增加了 16 cm,说明滞后晒田长时间复水对水稻株高的增加表现出一定的促进作用;复水 25 d后,各个处理水稻株高增加的速率都有所降低,可能因为在生育后期,水稻株高的生长变化较为缓慢,由营养生长向生殖生长转变;复水 30 d 后,到了灌浆期,水稻株高的高低依次是:滞后晒田>轻度晒田>不晒田>正常晒田。

在整个观测范围内,滞后晒田对水稻株高的增加都表现出一定的促进作用,正常晒田都表现出一定的抑制作用(见图 4-2)。

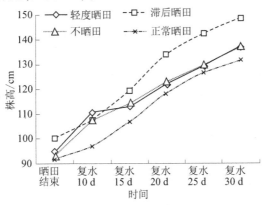

图 4-2　不同晒田处理及复水后水稻株高的变化

4.3.2　不同晒田处理对水稻分蘖数的影响

水稻分蘖消长动态是水稻群体与个体发育的一个重要指标。多项试验研究表明:土壤水分状况对水稻分蘖有着较为显著的影响。

由表 4-3 可以看出,晒田结束后,水稻茎蘖数发生一些变化,茎蘖数大小依次是:不晒田>正常晒田>轻度晒田>滞后晒田,与不晒田相比,晒田处理的水稻茎蘖数都有所减少,尤其是滞后晒田最为明显,较不晒田减少了 12.5%,这可能是因为晒田处理改变了土壤水分情况,抑制了水稻分蘖;复水 10 d 后,除正常晒田外,其他处理的分蘖数均有所增加,但仍然低于不晒田处理,其中轻度晒田增加的最为明显,增加了 10.5%,说明晒田复水后,可以缓解前期水稻分蘖受到的抑制作用,表现出一定的补偿效应;复水 15 d 后,各个处理的分蘖数较前一阶段相比,变化不大,水稻分蘖数处于一个相对稳定的数值,分蘖数大小依次是:不晒田>轻度晒田>正常晒田>滞后晒田,说明晒田处理可以有效地抑制水稻的无效分蘖。

表 4-3　不同晒田处理及复水后水稻茎蘖数变化　　　　单位:个

处理	晒田结束	复水 10 d	复水 15 d
轻度晒田	12.67	14.00	14.00
滞后晒田	11.67	12.00	12.33
不晒田	13.33	15.33	15.67
正常晒田	13.00	13.00	13.00

4.3.3　不同晒田处理对叶绿素的影响

叶片中叶绿素含量的高低直接影响到叶片光合能力,叶绿素含量是衡量叶片衰老和光合功能的一个重要参数。

由表 4-4 可以看出,晒田结束后,测坑处理的水稻叶片中叶绿素的含量由高到低依次是:正常晒田(CK)>滞后晒田(ZS)>不晒田(BS)>轻度晒田(QS),但是各个处理间的差异不明显,这可能是正常晒田处理使得叶片生长受到抑制的缘故,造成叶绿素和类胡萝卜素分解较少或者没有分解,导致叶绿素和类胡萝卜素含量产生浓缩现象;复水 10 d 后,轻度晒田和滞后晒田处理的叶绿素含量都超过了正常晒田(对照 CK)处理,分别较正常晒田增加了 20% 和 6.4%,这可能是由于复水后,土壤水分状况得到改善,促进了叶片中叶绿素的合成,增加了叶片的光合能力,而滞后晒田和正常晒田处理的叶绿素含量较前一阶段有所降低,说明短期的复水,不能恢复长期晒田对水稻的抑制作用,具有一定的滞后性;复水 20 d 后,滞后晒田处理的叶绿素含量最低,但是各个处理间叶绿素含量差异不大,说明滞后晒田对水稻叶片光合能力的抑制作用具有一定的后效性,加速叶片的衰老,降低叶片的光合能力,缩短了水稻生育期;复水 30 d 后,正常晒田的叶绿素含量最高,不晒田的最低,且两者之间差异性显著,滞后晒田、轻度晒田、不晒田处理较正常晒田分别减少了10%、12%、21%,说明正常晒田处理对后期水稻生长的促进作用具有一定后效性,可以有效地延缓叶片的衰老,促进水稻的光合作用,促进有机物的积累;复水 40 d 后,水稻叶片中叶绿素含量高低依次是,正常晒田(CK)>不晒田(BS)>轻度晒田(QS)>滞后晒田(ZS),滞后晒田的叶绿素含量仅仅是正常晒田的 55%,几乎降低了一半,说明滞后晒田会对水稻后期的生长造成严重的损害,加速叶片的衰老,降低叶片的光合能力,减少有机物的积累。因此,在水稻日常管理中,要适时适度地进行晒田管理。

表 4-4　不同处理下晒田结束及复水后叶片中叶绿素含量变化(测坑)　　　单位:mg/g

处理	晒田结束	复水 10 d	复水 20 d	复水 30 d	复水 40 d
轻度晒田	3.60a	3.93a	3.05a	2.97ab	1.96b
滞后晒田	3.90a	3.48a	2.77a	3.04ab	1.45c
不晒田	3.63a	3.19a	3.05a	2.67b	2.17ab
正常晒田	4.00a	3.27a	3.07a	3.38a	2.63a

注:不同的小写字母表示同一列数值在 $P=0.05$ 水平上的显著性差异(下同)。

由表 4-5 可以看出,大田处理的水稻叶片叶绿素含量变化趋势和测坑一致,但是各个处理间的差异性略有不同。从测坑和大田数据来看,晒田期适时适度的晒田,可以提高水稻后期叶片中叶绿素含量,延缓水稻叶片的衰老,而轻度晒田和滞后晒田都会降低水稻叶片中叶绿素含量,降低水稻后期的光合能力,加速水稻叶片的衰老,缩短水稻生育期。

表 4-5　不同处理下晒田结束及复水后叶片中叶绿素含量变化(大田)　　　单位:mg/g

处理	晒田结束	复水 10 d	复水 20 d	复水 30 d	复水 40 d
轻度晒田	3.27b	3.62a	3.69a	3.00a	1.36b
滞后晒田	3.34b	3.54a	3.22b	3.01a	1.30b
不晒田	3.32b	3.20a	3.24b	2.92a	1.78b
正常晒田	3.84a	3.52a	3.72a	3.21a	2.59a

4.3.4　不同晒田处理对根系活力的影响

根系是作物与土壤联系的纽带,是作物植物体的重要组成部分。水稻根系既是作物吸收水肥的重要器官,又是合成氨基酸和多种激素的重要场所,在作物生长发育、生理功能和物质代谢过程中发挥着极其重要的作用,与地上部有着密切的物质交流,两者相互依存。因此,水稻根系活力是衡量作物生长发育的重要生理指标之一。改善根系机能是增强作物地上部叶片光合功能,防止叶片早衰,增加结实率、籽粒充实度和产量的一个切实可行的重要环节。

由表 4-6 测坑数据可以看出,晒田结束后,水稻根系活力强弱依次是:正常晒田>滞后晒田>轻度晒田>不晒田,且正常晒田、滞后晒田和轻度晒田与不晒田处理的差异性显著,尤其正常晒田的根系活力是不晒田的 2.31 倍,这与彭世彰等[9]的研究结果一致,旱胁迫处理下,水稻根量增加,活力提高,说明适时适度的晒田可以提高水稻的根系活力,可以增强水稻根系吸收营养物质的能力。复水 10 d 后,水稻根系活力最大的是正常晒田,最小的是轻度晒田,两处理之间差异性显著,而且复水后的根系活力较晒田结束后都有所降低,其中轻度晒田降低最多,降低了 29%,说明晒田复水后,可以明显降低水稻的根系活力,抑制水稻根系吸收营养物质的能力。复水 20 d 后,所有处理的水稻根系活力都有所降低,其中滞后晒田降低的最少,降低了 23%,说明滞后晒田在后期复水中,表现出一定的后效性,可以缓解长期复水对水稻根系的抑制作用。复水 30 d 后,正常晒田和轻度晒田较前一阶段相比,根系活力有所增强,都增加了 13%,说明长时间的复水使得水稻根系对土壤环境有一定的适应性,根系活力有所增加。复水 40 d 后,水稻根系活力强弱依次是:正常晒田>滞后晒田>不晒田>轻度晒田,且各个处理间差异性显著,说明晒田期适时适度的晒田,可以明显增强水稻的根系活力,既可以保证水稻前期生长旺盛,又可以增强水稻后期灌浆结实的能力。

表 4-6　不同处理下晒田结束及复水后根系活力变化(测坑)　　单位:$\mu g/(g \cdot h)$

处理	晒田结束	复水 10 d	复水 20 d	复水 30 d	复水 40 d
轻度晒田	68.34b	48.65b	38.96b	43.92c	42.68d
滞后晒田	100.75a	92.12a	71.10a	67.14b	75.26b
不晒田	45.22c	52.39b	41.57b	40.88c	52.28c
正常晒田	104.67a	94.33a	67.48a	76.05a	91.20a

由表 4-7 大田数据可以看出,整个观测期间,水稻根系活力变化趋势与测坑一致,晒田结束时,正常晒田的根系后力最大,不晒田最小,且各个处理间差异性显著,说明晒田处理实质就是对水稻进行一定程度的旱胁迫,促进水稻根系的生长发育,随着复水时间的增加,水稻根系活力都表现出先减少后增加的趋势,到生育后期,滞后晒田根系活力超过了正常晒田,促进水稻后期灌浆能力。

表 4-7　不同处理下晒田结束及复水后根系活力变化(大田)　　单位:μg/(g·h)

处理	晒田结束	复水 10 d	复水 20 d	复水 30 d	复水 40 d
轻度晒田	67.74c	48.20b	49.60b	43.05b	82.98b
滞后晒田	101.11b	92.25a	62.06a	81.51a	97.29a
不晒田	49.41d	44.93b	37.76c	51.25b	45.37c
正常晒田	113.49a	95.22a	65.68a	87.62a	94.84ab

从测坑和大田数据可以看出,滞后晒田对水稻根系生长影响较小。

4.3.5　不同晒田处理对水稻产量性状的影响

现有成果表明,若旱胁迫程度控制合理,对产量有好的补偿效应,一般可获得高产,甚至高于传统淹灌处理,且能保持较高品质,如垩白度、整精米率等[10]。

由表 4-8 可以看出,测坑试验中各个处理的有效穗数的高低依次是:正常晒田>轻度晒田>不晒田>滞后晒田,其中滞后晒田的最少,较正常晒田减少了 11.2%,穗粒数最多的是轻度晒田,但是结实率最大的是滞后晒田,千粒质量最大的是滞后晒田;产量最高的是滞后晒田,其次是正常晒田,最低的是不晒田,其中不晒田产量将比正常晒田产量降低了15.7%,而滞后晒田产量比正常晒田产量增加了 8.87%。由此可以得出,晒田期向后推迟两天左右,不仅对水稻的产量影响不大,而且可以提高水稻的千粒质量和结实率。

表 4-8　不同晒田处理产量性状(测坑)

处理	有效穗数/穗	穗粒数/粒	结实率/%	千粒质量/g	实际产量/(g/m²)
轻度晒田	164	262.6	91.41	24.6	847.6
滞后晒田	150	227.6	92.22	25.4	993.1
不晒田	156	250.6	88.36	24.53	768.5
正常晒田	169	237.2	92.17	25.08	912.2

由表 4-9 可以看出,大田试验中个别产量性状与测坑试验略有差异。但滞后晒田处理的有效穗数、穗粒数、千粒质量和产量是最大的,与正常晒田之间差异性不明显,而轻度晒田、不晒田处理的穗粒数、千粒质量和产量都低于正常晒田处理。

表 4-9　不同晒田处理产量性状(大田)

处理	有效穗数/穗	穗粒数/粒	结实率/%	千粒质量/g	产量/(g/m²)
轻度晒田	175.6a	207.07b	92.21a	26.436a	923.78
滞后晒田	179.2a	284.07a	91.95a	28.81a	1 074.98
不晒田	149.4a	237.93b	89.51a	27.472a	808.46
正常晒田	169.8a	256.6ab	93.33a	27.268a	984.5

从测坑和大田各个产量性状数据来看,滞后晒田与正常晒田差异较小,因此晒田期向后推迟两天对水稻产量影响不大。

4.4 本章小结

(1)易涝易渍地区,水稻生产管理中,适时适度的晒田(正常晒田)可以有效地抑制水稻株高的增长,减少无效分蘖,增加水稻后期的光合能力,延缓水稻的衰老,并增加水稻的根活力,提高水稻对养分的吸收能力,为提高水稻后期的灌浆能力奠定了基础。

(2)从产量性状分析来看,轻度晒田处理可以提高水稻植株的穗粒数,滞后晒田处理可以提高水稻的结实率和千粒质量,实际产量较正常晒田处理增加了8.87%,因此晒田期延迟两天晒田对水稻的产量影响不大。

(3)针对易涝易渍地区水稻晒田处理,可以延迟两天左右晒田,但是晒田程度一定要达到正常晒田标准。

参 考 文 献

[1]郑应明.水稻晒田技术浅议[J].农田水利与小水电,1995(5):13-15.

[2]Inanucci A, Rascio A, Russo M, et al. Physiological response to water stress following a conditioning period in berseem clover[J]. Plant and soil, 2000, 223: 217-227.

[3]裴鹏刚,张均华,朱练峰,等.根际氧浓度调控水稻根系形态和生理特性研究进展[J].中国稻米,2013,19(2):6-8.

[4]徐春梅,王丹英,陈松,等.增氧对水稻根系生长与氮代谢的影响[J].中国水稻科学,2012,26(3):320-324.

[5]谢保忠,陈蔚,王万福,等.水稻拔节期的形态生理变化与高产栽培管理[J].湖北农业科学,2011,50(15),3044-3045.

[6]蔡育年.水稻晒田时间的确定及晒田标准[J].湖北农业科学,1982(5):32.

[7]李合生.植物生理生化实验原理和技术[M].北京:高等教育出版社,2000.

[8]邹琦.植物生理学实验指导[M].北京:中国农业出版社,2000.

[9]彭世彰,郝树荣,刘庆,等.节水灌溉水稻高产优质成因分析[J].灌溉排水学报,2000,19(3):3-6.

[10]李树杏,郭慧,马均,等.孕穗期水分胁迫对水稻部分生理特性与产量补偿效应的研究[J].农业科学与技术(英文版),2013,14(12):1750-1755.

第 5 章　水稻拔节期高温与
涝交互胁迫试验研究

　　黄淮地区水稻拔节孕穗期恰逢强高温和降水易发期,稻田易遭受高温和涝害双重胁迫,研究水稻对高温和涝及其交互胁迫的响应,可为探究高温与涝交互胁迫致灾机制及减灾措施提供参考。试验共设拔节期高温胁迫(T1)、高温×轻涝胁迫(T2)、高温×重涝胁迫(T3)、轻涝胁迫(T4)、重涝胁迫(T5)和全生育期浅水勤灌(CK)6 个处理,研究了黄淮地区拔节期高温、淹涝及高温与涝胁迫对水稻形态指标和产量的影响。结果表明:①拔节期高温胁迫(T1)、重涝胁迫(T5)和高温×轻涝胁迫(T2)会抑制水稻的生长,到成熟期,T1处理和 T5 处理水稻株高分别较 CK 显著降低了 5.63 cm 和 5.96 cm,且高温与涝胁迫较高温(或重涝)对水稻生长的抑制作用减弱;②高温与涝胁迫促进了水稻叶面积的增加,且高温×重涝(T3)处理促进了水稻地上部干物质积累;③除轻涝胁迫(T4)处理外,其他处理均显著降低水稻产量,其中 T2 处理和 T3 处理分别较 CK 显著减产 44.16% 和22.29%,主要是因为结实率下降。但是,与高温胁迫相比,高温与涝交互能缓解胁迫,可以避免水稻大幅减产。

5.1　研究目的

　　水稻是中国主要的粮食作物之一,非生物逆境(淹涝、高温和低温胁迫等)对中国水稻生产造成了巨大损失[1-2]。近年来,在中国黄淮及南方稻区 7~8 月容易出现高温与暴雨天气[3],此时正值水稻拔节期,且在暴雨过后,高温天气频发,水稻易遭受高温与涝双重胁迫,影响水稻生长发育,导致减产。因此,研究水稻对高温、淹涝以及交互胁迫的响应,可为该区水稻防灾减灾管理提供依据。

　　已有研究表明,水稻在拔节期受到旱涝交替胁迫时,可促进株高生长[4-5],且淹水可以促进更多的生物量分配到地上部分,同时促进叶面积增加[6]。李阳生等[7]研究发现,水稻生育后期遭到淹水胁迫,可以引起水稻结实率显著下降,千粒质量下降,籽粒产量下降。据国际水稻所研究,在水稻生长对环境敏感期间,温度每升高 1 ℃,最终将导致产量损失 10%以上[8]。另外,拔节孕穗期高温会降低水稻结实率,穗粒数和千粒质量减少,导致水稻减产[9-11],且品质变劣[12-13]。总之,淹水或者高温逆境胁迫对水稻生长及产量的影响报道较多,而针对水稻拔节期高温与涝交互胁迫的研究鲜有报道。为此于 2017 年采用盆栽试验,在人工气候室模拟高温与涝交互逆境,研究二者对拔节期水稻生长的形态和产量影响,以期为暴雨后稻田恰遇高温适时排水提供科学参考,促进农田排水技术理论的发展。

5.2　试验材料与方法

5.2.1　材料与试验地点

本试验采用盆栽种植方式,水稻试验品种为北方种植范围较广的"获稻008",于2017年5~10月在河南商丘生态系统国家野外科学观测研究站(34°35.222′N,115°34.515′E,海拔50.2 m)防雨棚内进行,该站位于淮河以北,属温带半湿润季风气候,多年平均降雨量为705.1 mm,多年平均蒸发量为1 751 mm,多年7~8月平均日最高气温为32 ℃。试验土壤取自大田耕作层(0~25 cm土层),土壤类型为壤土,密度为1.46 g/cm³,田间持水率(field capacity,FC)为27.09%(质量含水率)。经风干、打碎、过2 mm筛后,均匀施肥,施肥量每千克风干土折合纯N 0.15 g、P₂O₅ 0.10 g、K₂O 0.10 g。试验用塑料盆底部直径21.5 cm,上部直径25 cm,盆深29.5 cm,每盆装风干土10.0 kg,土壤全氮质量分数为0.78 g/kg,碱解氮、速效磷、速效钾质量分数分别为56.4 mg/kg、10.5 mg/kg、52.6 mg/kg。2017年7~8月日最高(低)气温变化如图5-1所示。

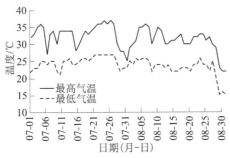

图5-1　2017年7~8月日最高、最低气温

5.2.2　试验设计

2017年盆栽试验于5月4日育种,6月13日三叶一心时选择大小基本一致的秧苗移栽,每盆种植3穴,每穴移栽2株,于10月24日收割。水稻主要生育时期包括返青期、分蘖期、拔节期、孕穗期、抽穗开花期、成熟期,选择水稻对水分和温度较敏感的拔节期开展试验。研究表明水稻生育期遭遇日均气温高于32 ℃,或日最高气温高于35 ℃的天气情况,将会导致水稻高温热害[14],且水稻淹涝5 d,淹水深度超过10 cm,会对水稻生长以及水稻根系微观结构造成影响[15]。考虑温度和水分对水稻生长的影响,本试验共设计6个处理:高温胁迫(T1)、高温×轻涝胁迫(T2)、高温×重涝胁迫(T3)、轻涝胁迫(T4)、重涝胁迫(T5)和全生育期浅水勤灌(CK),高温处理的温度比室温高4~5 ℃,轻涝和重涝处理水层深度分别为10 cm和15 cm,未受涝胁迫的处理(T1和CK)水层深度为0~5 cm。高温胁迫在人工气候室实现,人工气候室具体设置参数见图5-2,除温度与室外不同,其相对湿度和光照与室外一致,由程序自动控制,涝胁迫在储水箱实现。每个处理种植20盆,于8月4日上午06:00开始进行胁迫处理,胁迫5 d结束,于8月9日上午06:00将人工气候室的水稻全部移到室外,所有处理恢复自然生长条件(与对照相同)。除高温和涝胁迫外,各处理其他农艺措施相同。

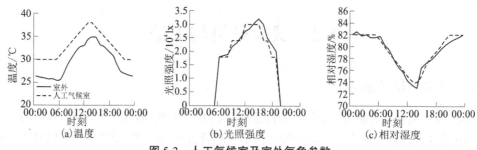

图 5-2　人工气候室及室外气象参数

5.2.3　测定项目与方法

（1）株高。于拔节期（8 月 4 日）开始胁迫处理，胁迫前于每个处理选取长势一致的 6 株水稻进行挂牌，胁迫结束后每 5 d 测定 1 次株高，水稻抽穗前测定土面至每穴最高叶尖的高度，抽穗后测定土面至最高穗顶的高度[16]。

（2）叶面积。于水稻拔节期高温与涝胁迫处理后，每个处理选取长势一致的 3 盆水稻，测定采用比叶重法（干样称重法），每 5 d 取样 1 次，将每盆中的植株叶片全部取下来，随机选取 20 片叶子，将叶片平铺在已知面积的纸板上，用刀片沿纸板边缘切割，得到的纸片面积即为叶片的面积；采用烘干法测定已知面积的叶片和剩余叶片的干重，进而换算出所有叶片的叶面积，其计算式为

$$A_{总} = A_{20} \times \frac{m_{20} + m_{剩余}}{m_{20}} \tag{5-1}$$

式中，$A_{总}$ 为总叶面积，cm^2；A_{20} 为选取的 20 片叶子的面积，cm^2；m_{20} 为选取的 20 片叶子的干质量，g；$m_{剩余}$ 为其余叶片的干质量，g。

（3）地上部干物质量。于水稻拔节期高温与涝胁迫结束后取样，并在恢复浅水勤灌后每 5 d 取样 1 次，每个处理重复 3 次。测定方法[17]如下：每盆选取 1 株水稻，将植株地上部分分为叶、茎鞘和穗干物质，在 105 ℃下杀青 30 min，然后 80 ℃烘干至恒质量，放置于感量为 0.01 g 的电子天平上，测定各部分干物质量。

（4）考种测产。于水稻成熟后，取 3 盆水稻考种测产，包括每盆有效穗数、穗长、穗质量、每穗粒数、千粒质量和每盆实收产量。

5.2.4　数据处理与分析

用 Microsoft Excel 和 SPSS 19.0 软件分析数据，用 Duncan's 新复极差法检验显著性。

5.2.4.1　水稻株高（地上部干物质）的拟合方程

水稻群体株高（地上部干物质）随移栽天数的变化，可用 Logistic 方程拟合，见式（5-2）。

$$F(t) = \frac{k}{1 + a \cdot e^{-bt}} \tag{5-2}$$

式中，$F(t)$ 为移栽 t 天时对应的水稻株高（地上部干物质）；k 为理论最大水稻株高（地上部干物质）；a 和 b 为回归系数；t 为移栽天数。

5.2.4.2　水稻群体叶面积的拟合方程

水稻群体叶面积随移栽天数的变化，可用 Gaussian Function 曲线拟合，见式（5-3）。

$$Y(t) = c \cdot e^{\frac{(t-d)^2}{2f^2}} \tag{5-3}$$

式中,$Y(t)$ 为移栽 t 天时对应的每盆水稻叶面积;c 为理论最大叶面积;d 为最大叶面积对应的天数;f 为回归系数。

5.2.4.3 水稻地上部干物质积累速率函数拟合

在地上部干物质积累分布函数 $F(t)$ 的基础上,通过微分计算便可求出地上部干物质积累速率函数 $V(t)$,即对式(5-2)求导,见式(5-4)。

$$V(t) = \frac{\mathrm{d}F(t)}{\mathrm{d}t} = \frac{k \cdot a \cdot b \cdot e^{-b \cdot t}}{(1 + a \cdot e^{-b \cdot t})} \tag{5-4}$$

利用式(5-4)可求得最大地上部干物质积累速率出现的移栽天数,即函数 $F(t)$ 的拐点所在的移栽天数为

$$t(\max) = \frac{\mathrm{d}V(t)}{\mathrm{d}t} - \frac{\ln a}{b} \tag{5-5}$$

式中,$t(\max)$ 为函数 $F(t)$ 的拐点所在的移栽天数。

5.3 结果与分析

5.3.1 高温与涝胁迫对水稻株高的影响

由表 5-1 可以看出,拔节期高温与涝胁迫 5 d 后,株高依次是:T4>T3>T2>CK>T1>T5,轻涝处理(T4)株高明显高于高温(T1)和重涝(T5)处理($P<0.05$),分别比 T1 和 T5 高 7.07 cm 和 8.13 cm,说明拔节期适度淹水会促进水稻的生长,高温胁迫会抑制水稻的生长。孕穗期(胁迫结束 20 d),T4 较 CK 明显增加 5.93 cm($P<0.05$),说明拔节期轻涝(T4)可以促进水稻的生长,且有一定的后效性;抽穗期(胁迫结束 35 d),T1 和 T5 分别较 CK 显著降低了 5.63 和 5.96 cm($P<0.05$)。从以上数据分析可知,拔节期轻涝会促进水稻的生长,而高温或重涝处理会明显抑制水稻的生长,直至抽穗时 T1 和 T5 株高仍低于 CK,且拔节期交互胁迫较高温(或重涝)表现出一定的缓解作用。

表 5-1 拔节期高温与涝交互胁迫对水稻株高的影响 　　　　　　单位:cm

处理	胁迫 结束 0 d	胁迫 结束 5 d	胁迫 结束 10 d	孕穗期(胁迫 结束 20 d)	抽穗期(胁迫 结束 35 d)
CK	64.7ab	69.6bc	73.3b	80.6bc	88.33b
T1	62.66b	68.8bc	71.5b	78.1c	82.7d
T2	66.33ab	72.16ab	74.83b	79.93bc	83.83cd
T3	66.73ab	72.5ab	75.37b	84.3ab	88.6ab
T4	69.73a	75.23a	80.67a	86.53a	90.45a
T5	61.6b	66.37c	73.27b	77.33c	82.37d

注:T1 为高温胁迫,T2 为高温×轻涝胁迫,T3 为高温×重涝胁迫,T4 为轻涝胁迫,T5 为重涝胁迫,CK 为全生育期浅水勤灌处理。同列不同字母表示各处理在 $P=0.05$ 水平上差异显著,下同。

利用式(5-2)模拟方程的关键参数(见表5-2),拟合度 R^2 均大于0.98,说明拟合效果较好。参数 k 为理论最大株高值,表现为高温(T1)和重涝(T5)处理低于 CK,高温×重涝胁迫(T3)和轻涝(T4)处理接近 CK,说明高温重涝胁迫(T3)和轻涝(T4)处理对拔节期水稻株高的生长较高温(T1)或重涝(T5)处理表现出一定的缓解作用;参数 a 和 b 均表现为所有胁迫处理均高于 CK。

表 5-2　水稻高温与涝交互胁迫后株高生长函数的拟合参数

处理	k	a	b	R^2
CK	91.698	12.8	0.057	0.998
T1	85.228	12.85	0.062	0.988
T2	86.43	31.491	0.076	0.981
T3	91.015	30.827	0.073	0.993
T4	92.201	86.338	0.092	0.992
T5	84.508	15.512	0.064	0.987

注:k 为被拟合指标理论最大值,a 和 b 为回归系数。下同。

5.3.2　高温与涝交互胁迫对水稻群体叶面积的影响

由图5-3可以看出,拔节期高温与涝交互胁迫5 d后(8月9日),高温(T1)和重涝(T5)的叶面积显著低于高温×轻涝(T2)和高温×重涝(T3)($P<0.05$);恢复自然生长条件5 d后(8月14日),T3较 CK 显著增加2.98%($P<0.05$),说明拔节期高温×重涝会促进水稻叶面积的增长。随着生育期的推进,水稻群体叶面积表现出先增加后降低的趋势,到拔节后期(8月24日)叶面积达到最大值;8月29日,T2和T3的叶面积仍高于 CK,且 T3较CK、T1和T5分别显著增加6.21%、8.72%和7.03%($P<0.05$),说明高温与涝交互对水稻叶面积的增长表现出一定的后效性。

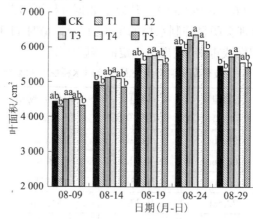

图 5-3　拔节期高温与涝交互胁迫对水稻群体叶面积的影响

利用式(5-3)模拟方程的关键参数值(见表5-3)可知,参数 c 为理论最大叶面积值,表现为高温×重涝(T3)处理最大,高温(T1)处理最小,说明拔节期高温×重涝胁迫会促进水稻叶面积增长,而高温胁迫会抑制水稻叶面积的增长。与 CK 相比,所有胁迫处理参数 d 值都大于 CK,表示拔节期高温(淹涝)处理或者二者交互胁迫均可以推迟最大叶面积出现时间。

表 5-3 水稻高温与涝交互胁迫下群体叶面积函数的拟合参数

处理	参数			
	c	d	f	R^2
CK	5 772.599	74.879	21.373	0.956
T1	5 622.073	75.320	22.297	0.938
T2	5 958.677	76.086	22.036	0.965
T3	6 053.718	76.187	21.747	0.961
T4	5 852.625	75.217	21.527	0.949
T5	5 648.719	76.139	23.228	0.946

注:c 为理论最大叶面积,d 为最大叶面积对应的天数,f 为回归系数。

5.3.3 高温与涝交互胁迫对水稻地上部干物质积累的影响

由图 5-4 可以看出,拔节期胁迫处理后(8 月 9 日),高温×重涝(T3)处理和轻涝(T4)处理的地上部干物质量较 CK 增加了 24.41% 和 21.00%,高温(T1)处理较 CK 降低了 6.62%($P<0.05$);恢复自然生长条件 15 d 后(8 月 24 日),水稻地上部干物质积累最大的是 T4 处理,且 T4 处理较 CK 增加了 38.46%($P<0.05$)。收获时(10 月 24 日),T3 处理和 T4 处理地上部干物质量分别较 CK 增加了 25.27% 和 33.43%($P<0.05$)。由以上数据分析可知,拔节期轻涝和高温重涝交互胁迫会增加水稻干物质积累,高温胁迫会降低水稻地上部干物质积累。

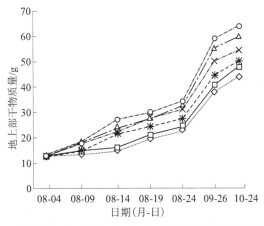

图 5-4 拔节期高温与涝交互胁迫对水稻地上部干物质积累的影响

水稻地上部干物质积累采用 Logistic 方程表达,其拟合参数见表 5-4。由表 5-4 可知,地上部干物质积累理论最大值(k)大小依次是:T4>T3>T5>T2>CK>T1,所有胁迫处理的地上部干物质积累速率最大值出现时间(t_{max})都较 CK 有所提前,其中高温×重涝(T3)、轻涝(T4)和重涝(T5)处理较 CK 提前 3～4 d,高温(T1)处理和高温×轻涝(T2)处理较 CK 提前 2 d 左右;说明拔节期高温与涝交互胁迫或者涝胁迫会促进水稻地上部干物质积累,高温与涝交互胁迫较高温对水稻地上部干物质积累表现出一定的缓解效应。

表 5-4　水稻地上部干物质积累过程的 Logistic 方程参数估值

处理	参数					
	c	d	f	R^2	t_{max}	V_{max}
CK	47.803	71.423	0.063	0.981	67.760	0.753
T1	43.791	71.240	0.065	0.975	65.630	0.712
T2	49.956	78.697	0.067	0.991	65.160	0.837
T3	59.679	178.352	0.080	0.984	64.800	1.194
T4	63.546	179.096	0.080	0.976	64.850	1.271
T5	53.621	260.913	0.087	0.981	63.960	1.166

注:t_{max} 为积累速率最大值出现时间;V_{max} 为最大速率。

5.3.4　高温与涝交互胁迫对水稻产量的影响

由表 5-5 可以看出,拔节期对水稻进行高温、重涝和高温与涝交互胁迫会造成水稻不同程度减产,其中高温×轻涝(T2)和高温×重涝(T3)处理分别较 CK 显著减产 44.16% 和 22.29%($P<0.05$),高温与涝交互胁迫会造成水稻减产,但较高温相比,表现出一定的缓解作用。高温及高温与涝交互胁迫造成水稻减产是由于拔节期高温会增加水稻有效积温,影响有机物合成和转运,造成水稻结实率下降,其中 T2 处理和 T3 处理的结实率分别较 CK 降低 13.42% 和 9.78%($P<0.05$);除此之外,高温及高温与涝交互胁迫还会降低水稻穗质量和千粒质量等有关产量要素,最终影响水稻产量。

表 5-5　水稻盆栽试验籽粒产量及其产量要素

处理	穗质量/g	有效穗数/穗	穗粒数/粒	穗长/cm	结实率/%	千粒质量/g	产量/(g/pot)
CK	2.67a	22.00a	119.00a	17.47a	85.55a	23.60a	56.61a
T1	1.93e	11.33d	75.67e	13.73f	70.85f	15.34e	27.63e
T2	2.07de	13.67c	88.33d	14.53e	74.07e	17.22d	31.61d
T3	2.11d	18.67b	93.00d	14.93d	77.19d	18.64cd	43.99c
T4	2.48b	22.33a	104.67b	15.23c	83.06b	21.32b	53.60ab
T5	2.30c	21.00a	99.67c	15.93b	80.10c	19.41c	50.04b

由双因素方差分析可知(见表 5-6),温度对水稻各个产量要素有显著影响,水分对穗长、有效穗数及产量有显著影响,但对穗质量、穗粒数和千粒质量影响不显著,水分和温度

交互作用对产量要素影响显著。

表 5-6　试验因子及交互作用对水稻产量要素的影响

试验因子	穗长/cm	穗质量/g	有效穗数/穗	穗粒数/粒	千粒质量/g	产量/(g/pot)
温度	590.42	142.92*	169.0	297.75*	118.256	8.708*
水分	33.756	2.446	10.920	0.233	0.399 3	323.914
温度*	167.62	18.148	20.44	73.316	28.958	41.308

注:"*"表示该试验因子对水稻产量要素的影响显著。

5.4　讨　论

5.4.1　高温与涝交互胁迫对水稻生长指标和地上部干物质的影响

拔节期胁迫 5 d 后,高温×重涝交互胁迫可以促进水稻的生长,水稻叶面积以及地上部干物质较 CK 有所增加,这主要是由于水稻是喜湿植物,且拔节期处于营养生长和生殖生长并进期,重涝降低了高温条件下水稻根系附近的土壤温度,促进根系吸收营养物质,且高温高湿可以促进水稻的生长,增强水稻叶片的蒸腾作用,促进同化物向叶片积累,促进水稻叶片的生长,增加水稻叶面积和地上部干物质积累。胁迫处理后,重涝处理的株高和叶面积低于 CK,但是地上部干物质积累却高于 CK,一方面可能是由于重涝处理导致水稻叶片变黄,在计算叶面积时,黄色叶片(包括枯萎的)不计入其中,但计算干物质时,将黄叶计算在内;另一方面,重涝推迟生育期,促进水稻叶鞘生长,造成植株的干物质增加。然而,高温胁迫会抑制水稻生长,降低水稻光合作用,使光合产物的合成与转移减少[18],高温还会增加水稻的光呼吸[19],水稻地上部干物质积累部分可能用于水稻呼吸消耗,降低水稻地上部干物质积累[20],抑制水稻同化物的转移与积累,从而降低水稻产量。

5.4.2　高温与涝交互胁迫对水稻产量的影响

高温、涝胁迫及其交互效应均使水稻产量显著下降,且高温和涝交互胁迫对产量的影响较涝胁迫表现出一定的叠加效应,这与朱建强等[21-22]的研究结果部分一致,但是,较高温胁迫却表现出一定的缓解效应。其中,高温与涝交互效应造成减产的原因可能是水稻结实率和有效穗数显著下降,一方面可能是拔节期高温造成水稻有效积温升高,导致花粉活力下降[23-24],同时影响水稻籽粒灌浆,形成了大量空秕粒,造成了结实率下降[25]和有效穗数减少;另一方面可能是高温高湿环境,试验过程中发现部分盆栽水稻发生了病虫害,造成水稻有穗,但是籽粒较瘪甚至是无籽粒,水稻穗呈现灰色,在统计有效穗时这部分穗未计入。

高温×重涝处理的水稻产量高于高温×轻涝处理,这主要是由于水稻根际温度不同,高温、高温×轻涝处理和高温×重涝处理以及 CK 的水稻根际温度(10 cm)分别为 35 ℃、33.8 ℃、31.5 ℃和 26.4 ℃,而水稻根系生长的最适温度为 25~30 ℃,根际温度变化 1 ℃

就能引起植物生长和养分吸收的明显变化,最终影响产量。通过双因素方差分析可知,高温对水稻各个产量要素的影响显著,淹水仅对水稻穗长、有效穗数和产量的影响显著,但高温与涝交互胁迫对水稻各个产量要素的影响显著,这可能是因为高温与涝交互胁迫造成水稻短期内处于高温高湿环境,促进水稻叶片生长,推迟生育期,植株表现出贪青晚熟,影响籽粒灌浆,穗粒数与千粒质量降低[26-27]。水稻拔节期遭遇高温淹涝双重胁迫是一种常见天气现象,其发生的时期、强度以及持续时间因地而异。同时,水稻对高温和淹涝胁迫的响应机制还与品种的耐热和耐涝性密切相关。因此,要全面揭示水稻拔节期高温淹涝交互胁迫对产量的影响规律需要开展大量的试验研究。本研究表明,暴雨过后遇到高温天气时,可以保持田间水位 15 cm 左右,不用及时排除田间水分,既可以充分利用雨水资源,又可以减轻高温对水稻的危害,可为稻田在高温天气时排水管理提供科学依据。

5.5　本章小结

(1)拔节期单一的高温(或重涝)胁迫会抑制水稻的生长,而高温与涝交互胁迫较高温(或重涝)对水稻生长的抑制作用减弱;轻涝和高温×重涝处理的理论最大水稻株高(或理论最大地上部干物质量)接近于浅水勤灌处理,说明短时间(5 d)的轻涝或高温×重涝交互胁迫对水稻生长影响不大。

(2)拔节期高温与涝交互胁迫使水稻叶面积增加,且高温×重涝交互胁迫还使水稻干物质积累增加,但单一的高温会降低水稻地上部干物质积累。

(3)拔节期所有胁迫处理都会降低水稻产量,且高温×重涝和高温×轻涝交互胁迫处理较浅水勤灌处理分别减产 22.29% 和 44.16%($P<0.05$),这主要是由于结实率下降造成的。重涝、高温及高温与涝交互胁迫均会导致水稻减产,但与单一高温相比,高温与涝交互胁迫能减轻危害,可以避免水稻大幅减产。

参 考 文 献

[1]黄梅,崔延春,朱玉兴,等.水稻多逆境响应基因 OsMsr8 的克隆与表达[J].中国生态农业学报,2010,18(3):535-541.

[2]Boyer J S. Plant productivity and environment[J]. Science, 1982, 218(4571):443-448.

[3]杨舒楠,何立富.2013 年 8 月大气环流和天气分析[J].气象,2013,39(11):1521-1528.

[4]Shao G C, Deng S, Liu N, et al. Effects of controlled irrigation and drainage on growth, grain yield and water use in paddy rice[J]. European Journal of Agronomy,2014,53(53):1-9.

[5]Shao G, Cui J, Yu S, et al. Impacts of controlled irrigation and drainage on the yield and physiological attributes of rice[J]. Agricultural Water Management, 2015, 149:156-165.

[6]Li C X, Wei H, Geng Y H, et al. Effects of submergence on photosynthesis and growth of *Pterocarya stenoptera* (Chinese wingnut) seedlings in the recently-created Three Gorges Reservoir region of China [J]. Wetlands Ecology & Management, 2010, 18(4):485-494.

[7]李阳生,李绍清. 淹涝胁迫对水稻生育后期的生理特性和产量性状的影响[J]. 武汉植物学研究,2000,18(2):117-122.

［8］Peng S, Huang J, Sheehy J E, et al. Rice yields decline with higher night temperature from global warming ［J］. Proceedings of the National Academy of Sciences of the United States of America, 2004, 101(27): 9971-9975.

［9］骆宗强,石春林,江敏,等.孕穗期高温对水稻物质分配及产量结构的影响[J].中国农业气象,2016, 37(3):326-334.

［10］张倩,赵艳霞,王春乙.长江中下游地区高温热害对水稻的影响[J].灾害学,2011,26(4):57-62.

［11］田小海,松井勤,李守华,等.水稻花期高温胁迫研究进展与展望[J].应用生态学报,2007,18(11): 2632-2636.

［12］郑建初,张彬,陈留根,等.抽穗期高温对水稻产量构成要素和稻米品质的影响及其基因型差异 [J].江苏农业学报,2005,21(4):249-254.

［13］张桂莲,陈立云,雷东阳,等.水稻耐热性研究进展[J].杂交水稻,2005,20(1):1-5.

［14］Tian X, Deng Y. Characterizing the rice field climaticfactors under high temperature stress at anthesis ［J］. International Crop Science, 2008, 16(4):19-27.

［15］甄博,郭相平,陆红飞.旱涝交替胁迫对水稻分蘖期根解剖结构的影响[J].农业工程学报,2015,31 (9):107-111.

［16］周明耀,赵瑞龙,顾玉芬,等.水肥耦合对水稻地上部分生长与生理性状的影响[J].农业工程学报, 2006,22(8):38-43.

［17］王振昌,郭相平,杨静晗,等.旱涝交替胁迫对水稻干物质生产分配及倒伏性状的影响[J].农业工程 学报,2016,32(24):114-123.

［18］段骅,杨建昌.高温对水稻的影响及其机制的研究进展[J].中国水稻科学,2012,26(4):393-400.

［19］Zhou X, Ge Zhenming, Kellomäki S, et al. Effects of elevated CO_2 and temperature on leaf characteristics, photosynthesis and carbon storage in aboveground biomass of a boreal bioenergy crop (Phalarisarundinacea L.) under varying water regimes[J]. Global Change BiologyBioenergy,2011, 3(3):223-234.

［20］李春华,曾青,沙霖楠,等.大气 CO_2 浓度和温度升高对水稻地上部干物质积累和分配的影响[J].生 态环境学报,2016,25(8):1336-1342.

［21］朱建强,李靖.涝渍胁迫与大气温、湿度对棉花产量的影响分析[J].农业工程学报,2007,23(1): 13-18.

［22］吴进东,李金才,魏凤珍,等.花后渍水高温交互效应对冬小麦旗叶光合特性及产量的影响[J].作物 学报,2012,38(6):1071-1079.

［23］马兴林,梁振兴.冬小麦分蘖衰亡过程中内源激素作用的研究[J].作物学报,1997,23(2):200-207.

［24］张桂莲,张顺堂,肖浪涛,等.抽穗开花期高温胁迫对水稻花药、花粉粒及柱头生理特性的影响 ［J］.中国水稻科学,2014,28(2):155-166.

［25］赵雷,严松,黄英金,等.高温造成抽穗扬花期水稻育性降低的机制研究[C]//.中国作物学会学术年 会论文摘要集.2014:80.

［26］Sharma P K, Sharma S K, Choi I Y. Individual and combined effects of waterlogging and alkalinity on yield of wheat (Triticumaestivum L.) imposed at three critical stages[J]. Physiology & Molecular Biology of Plants,2010,16(3):317-320.

［27］Zhao H, Dai T, Jing Q, et al. Leaf senescence and grain filling affected by post-anthesis high temperatures in two different wheat cultivars[J]. Plant Growth Regulation,2007,51(2):149-158.

第6章　水稻孕穗期高温与涝渍胁迫研究

探究孕穗期高温与涝胁迫对水稻光合特性和产量的影响。采用盆栽试验,设置3个胁迫处理,分别为涝胁迫(T1,15 cm)、高温胁迫(T2,15 cm)、高温×涝胁迫(T3,15 cm),以浅水勤灌为对照(CK),分析了孕穗期高温与涝胁迫条件下水稻光合特性和产量变化。孕穗期胁迫结束后,T2处理相比CK降低了水稻的光合速率,降低了30.77%,T3处理会增加水稻叶片的SPAD值和光合速率以及气孔导度,尤其是气孔导度较CK显著增加了51.90%;所有胁迫处理的地上部干物质量都低于CK,直至成熟期,T1处理、T2处理和T3处理的地上部干物质量分别较CK显著降低了6.65%、32.40%和12.98%;T2处理和T3处理均会降低水稻产量,分别较CK显著减产80.09%和12.33%,千粒质量分别较CK下降了16.31%和11.86%;且T3处理千粒质量和产量分别较T2处理显著增加了5.32%和3.40倍。水稻孕穗期若遭遇极端高温天气时,可以将田间水层保持在15 cm左右,以缓解高温对水稻造成的热害。

6.1　研究目的

水稻是中国最主要的粮食作物之一,其产量占国内粮食作物之首。因此,水稻生产的稳定发展对粮食安全至关重要。近年来,随着全球气候变暖,高温和极端降水天气发生频率增加,强度加大[1-4],已严重制约农业生产。尤其是黄淮以及南方稻区7~8月极易出现高温和极端降水事件,此时正值水稻生长关键期,极端天气严重影响水稻生长发育,导致水稻减产和品质降低。因此,开展高温与涝双重胁迫对水稻生长和产量影响的研究尤为重要和迫切。目前,国内外学者已开展了高温胁迫或涝胁迫单因素对水稻生长发育影响的研究,且多集中于形态(株高、分蘖数、绿叶数)、生育时期变化、生理特性(光合作用、酶活性以及花粉活力等)、产量及其构成等方面的影响[5-9]。光合作用是决定水稻生长发育和物质积累以及产量的重要因素。已有研究表明,在全淹处理下,水稻植株叶片的最大光合速率会显著下降,且下降幅度会随着胁迫天数的增加而增大[10]。光合作用是作物生产和能量代谢的基础生理过程,极易受温度变化影响[11]。高温胁迫可增加水稻叶片细胞膜透性和衰老程度[12-13],降低叶片的光合速率[14-16],显著降低水稻产量。水稻叶片光合能力的下降是导致水稻结实率、千粒质量和籽粒产量降低的根本原因[19]。温度和水分是影响水稻生长发育的重要环境因素,6~8月黄淮及以南地区容易发生极端高温和降水事件,水稻易遭受高温与涝双重胁迫,针对单一高温或淹水对单季稻生长的影响研究较多,但有关高温与涝双重胁迫对水稻生长发育的影响鲜有报道。高温或淹水均会影响水稻光合作用和产量,但高温与涝双重胁迫是否会影响水稻光合作用和产量?本试验结合黄淮及以南地区水热分布特点,开展高温与涝双重胁迫盆栽试验模拟研究,旨在揭示高温与涝对水稻光合特性和产量的影响。通过盆栽试验,明确高温与涝胁迫处理对水稻光合特性和产量的影响,以期为极端气候下稻田的水分管理提供理论指导。

6.2　试验材料与方法

6.2.1　研究区概况

试验于 2018 年 5~10 月在河南商丘农田生态系统国家野外科学观测站(115°34′E, 34°35′N,海拔 50.2 m)防雨棚内进行。试验区属暖温带大陆性季风气候,近 20 a 的平均降水量 705.1 mm,且降水主要集中在 7~9 月(占全年降水量的 65%~75%),7~8 月平均日最高气温为 32 ℃。试验土壤取自试验站内农田耕作层(0~25 cm 土层),土壤类型为黏壤土,体积质量为 1.46 g/cm³,田间质量持水率(field capacity,FC)为 27.09%。耕层土壤全氮量为 0.78 g/kg,碱解氮量为 56.4 mg/kg、速效磷量为 10.5 mg/kg、速效钾量为 52.6 mg/kg,耕层有机质量为 9.8 g/kg。

6.2.2　试验设计

水稻供试品种为“获稻008”,属粳型常规水稻品种,全生育期 138 d。株高 97.4~98.1 cm,株型紧凑,分蘖力强,茎秆粗壮,剑叶挺直。于 2018 年 5 月 7 日播种,采用湿润育秧,6 月 20 日移栽,10 月 23 日收获。试验盆尺寸为上口直径 25.0 cm,底部直径 21.5 cm,桶高 29.5 cm,每盆按等边三角形移栽 3 穴,每穴 2 株。盆钵内装过筛风干土 10.0 kg,每盆施基肥 2.20 g CO(NH₂)₂、2.50 g KH₂PO₄、0.90 g K₂SO₄ 和 16.70 g 有机肥,均匀施肥后装盆,在水稻拔节后每盆追施尿素 1 g,其他管理措施同常规高产栽培措施。

水稻孕穗—抽穗开花期遭遇持续 3 d 以上、日平均气温>32 ℃ 或日最高气温>35 ℃ 的天气过程,水稻将会遭受高温热害[20](称“高温胁迫”);且水稻淹涝 5 d,淹水深度超过 10 cm,会对水稻生长及水稻根系微观结构造成影响[21](称“涝胁迫”)。本试验于水稻孕穗期进行高温与涝双重胁迫对水稻光合特性和产量影响的对比试验。2018 年 8 月 14 日(水稻孕穗期)选择水稻长势一致的盆钵,进行高温与涝双重胁迫处理,试验共设置 4 个处理,1 个常规灌溉(浅水勤灌,全生育期 5 cm 水层,黄熟期除外,CK)和 3 个胁迫处理(T1:淹水 15 cm;T2:高温;T3:高温×涝),具体试验方案见表 6-1,每个处理重复 20 盆,共计 80 盆;试验中的高温胁迫处理在人工气候室(浙江求是人工环境有限公司)实现,由程序自动控温,模拟自然气候日变化,24 h 连续运转。查询商丘 2008~2017 年 7~8 月的极端高温为 38 ℃,因此胁迫期间日最高温设定为 38 ℃(14:00),日最低温为 30 ℃(05:00),其间温度以每小时 1 ℃ 呈线性变化,其中相对湿度为 75%~80%,光照时间为 06:00~19:00,光照强度为 120~150 J/(m²·s)。涝胁迫处理是胁迫期间将盆钵置于长方形的塑料水箱(长×宽×高=98 cm×76 cm×68 cm)中,调节水箱水位,保持盆钵中土的表层与水箱中水位相距 15 cm。高温与涝双重胁迫(T3)处理是将水箱置于人工气候室中,实现高温与涝双重胁迫处理,所有胁迫处理均胁迫 7 d(8 月 14~21 日),胁迫结束后,将胁迫处理的水稻移至室外,所有处理恢复室外生长条件直至成熟。除涝与高温胁迫外,各处理其他农技措施相同。

表 6-1　2018 年水稻盆栽试验设计

处理	最高气温/℃	水层深度/cm	地点	胁迫时间/d
浅水勤灌(对照)CK	31	0~5	防雨棚	—
淹水 15 cm T1	31	15	防雨棚	7
高温 T2	38	0~5	人工气候室	7
高温×涝(15 cm)T3	38	15	人工气候室	7

注:"15 cm"表示拔节孕穗期保持盆中土面以上 15 cm 水层,下同。

6.2.3　项目测定与方法

6.2.3.1　叶片 SPAD 测定

采用手持式叶绿素测定仪(TYS-B)测定水稻剑叶 SPAD,测量时,每个处理选取具有代表性的 9 株水稻植株,测量每株剑叶的叶尖、叶中、叶基 3 个部位 SPAD 值,求得平均值作为该植株的 SPAD 值,9 株水稻的平均值作为该处理的 SPAD 值[22]。

6.2.3.2　叶片光合参数测定

水稻孕穗期,2018 年 9 月 4 日(晴天)上午 10:00,使用 LI-6400XT 便携式光合测定系统(LI-COR Biosciences Inc., USA)测定水稻植株剑叶,测定部位为叶片中下部。每个处理选择 3 盆,每盆选择 3 片主茎剑叶进行测定,取其平均值记为该叶片计算值。测定的主要指标包括叶片净光合速率 P_n(μmol/(m^2·s))、胞间 CO_2 摩尔分数 C_i(μmol/mol)、蒸腾速率 T_r(mmol/(m^2·s))、气孔导度 G_s(mmol/(m^2·s))等。

6.2.3.3　干物质测定

分别于孕穗期胁迫结束后、抽穗开花期、灌浆期、乳熟期取样,每个处理选取长势一致的 3 盆水稻植株,用剪刀齐土面剪去地上部分,将其带回试验室按茎、叶、穗分装,在 105 ℃下杀青,80 ℃烘干至恒质量。

6.2.3.4　考种和产量测定

于成熟期每个处理取 8 盆水稻进行考种和测产,其中 3 盆水稻植株先进行考种,考查每盆水稻穗数、每穗粒数、百粒质量(千粒质量根据百粒质量进行折算)、实粒数和结实率,考种结束后和另外 5 盆共同进行产量测定。

6.2.3.5　数据处理与统计方法

试验数据采用 Excel 2016 和 SPSS 19.0 进行数据统计分析。

6.3　结果与分析

6.3.1　不同处理水稻叶片 SPAD 值的动态变化

图 6-1 为不同处理水稻叶片 SPAD 值。由图 6-1 可知,孕穗期高温与涝胁迫处理后,随作物生育期的推进(从孕穗期到灌浆期),CK、T2 处理和 T3 处理的 SPAD 值逐渐降低,

而 T1 处理的 SPAD 值先升高后降低,在抽穗开花期达到最大值,这可能是由于孕穗期淹水处理(15 cm)会促进水稻后期叶片中叶绿素含量的增加,进而促进水稻叶片的光合作用。这主要是由于水稻自孕穗后由营养生长阶段进入生殖生长阶段,氮素供应开始由叶片转向籽粒,叶片中叶绿素量随之下降。

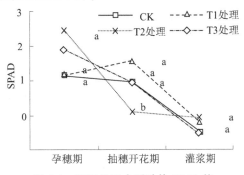

图 6-1　不同处理水稻叶片 SPAD 值

孕穗期所有处理水稻剑叶 SPAD 值差异不显著($P>0.05$)。胁迫结束后,抽穗开花期,T2 处理的 SPAD 值分别较 CK、T1 处理和 T3 处理显著降低 7.25%、26.21% 和 17.11%。灌浆期,所有处理水稻剑叶 SPAD 较接近。这说明孕穗期单一的高温处理会降低水稻剑叶 SPAD 值,抑制水稻对土壤氮素的吸收转化,降低水稻叶片的叶绿素量,进而降低光合速率,而高温与涝双重胁迫会缓解单一的高温对水稻光合作用的抑制作用。

6.3.2　不同处理水稻叶片光合特性

表 6-2 为不同处理水稻剑叶光合参数。由表 6-2 可知,高温与涝胁迫后,T1 处理和 T2 处理的净光合速率(P_n)分别较 CK 降低了 10.87% 和 30.77%,但差异不显著,T3 处理的 P_n 较 CK 增加了 17.89%。T1、T2 处理的气孔导度(G_s)分别较 CK 降低了 27.07%、35.84%($P>0.05$),而 T3 处理的 G_s 较 CK 显著增加了 51.91%。T1、T2 处理的胞间 CO_2 摩尔分数(C_i)分别较 CK 降低了 7.25%、3.88%($P>0.05$),而 T3 处理的 C_i 较 CK 增加了 8.06%。T1 处理和 T2 处理的蒸腾速率(T_r)分别较 CK 降低了 16.20% 和 20.19%($P>0.05$),而 T3 处理的 T_r 较 CK 显著增加了 36.85%($P<0.05$)。

表 6-2　不同处理水稻剑叶的光合参数

处理	$P_n/$ [$\mu mol/(m^2 \cdot s)$]	$G_s/$ [$mmol/(m^2 \cdot s)$]	$C_i/$ ($\mu mol/mol$)	$T_r/$ ($mmol/m^2 \cdot s$)
CK	5.98±0.91ab	106.77±16.05b	282.24±4.44ab	4.26±0.53b
T1	5.33±1.13ab	77.87±12.29b	261.77±13.24b	3.57±0.46b
T2	4.14±0.35b	68.50±7.60b	271.30±3.01b	3.40±0.42b
T3	7.05±0.49a	162.19±13.86a	304.98±12.49a	5.83±0.32a

注:同时期不同字母表示各处理在 $P=0.05$ 水平上差异显著,下同。

由表 6-2 亦可知,T3 处理的 G_s 和 T_r 分别较 CK 显著增加 51.91% 和 36.85%,说明高

温×涝双重胁迫会增加叶片的蒸腾速率,降低叶片温度,缓解高温对水稻叶片的损伤,延缓叶片衰老。但单一的高温处理(T2)会降低水稻叶片的净光合速率,且分别较 CK 和 T3 处理降低 30.77%和 41.28%。综上所述,孕穗期高温与涝双重胁迫较单一高温胁迫相比,会增加水稻叶片的光合速率、气孔导度以及蒸腾速率,缓解单一高温胁迫对水稻造成的伤害。

由交互作用的双因子方差分析可知(见表 6-3),温度对水稻剑叶的光合参数影响不显著,水分仅对气孔导度(G_s)的影响显著,温度和水分交互作用对气孔导度(G_s)、蒸腾速率(T_r)及胞间 CO_2 摩尔分数(C_i)影响显著。

表 6-3　试验因子及交互作用对水稻剑叶光合参数的 F 值

试验因子	P_n	G_s	C_i	T_r
温度	2.058	3.222	2.894	2.541
水分	0.006	6.378 *	0.485	3.928
温度×水分	5.159	22.839 *	8.147 *	12.702 *

注:"＊"表示该试验因子对水稻剑叶光合参数在 $P<0.05$ 水平的影响显著。

6.3.3　水稻地上部干物质积累

图 6-2 为孕穗期不同处理水稻地上部干物质积累量。由图 6-2(a)可知,孕穗期高温与涝双重胁迫 7 d 后,T1 处理地上部干物质量最大,T3 处理最小,且 T3 处理分别较 CK 和 T1 处理显著降低 11.20%和 12.18%,T3 处理的水稻茎干质量分别较 CK 和 T1 处理显著降低 13.95%和 15.44%[见图 6-2(b)]。胁迫结束后,抽穗期 T2 处理和 T3 处理的地上部干物质量仍低于 CK,且分别较 CK 显著降低 18.14%和 13.45%;成熟期 T1 处理、T2 处理和 T3 处理地上部干物质量分别较 CK 显著降低 6.65%、32.40%和 12.98%,T3 处理地上部干物质量比 T2 处理显著高了 28.72%。孕穗期高温处理会降低水稻地上部干物质积累,抑制水稻地上部干物质的转移,但高温与涝双重胁迫会缓解单一高温对水稻地上部干物质积累与转移,避免水稻大幅度减产。

由图 6-2(b)~(d)可知,孕穗期与 CK 相比,T2 处理和 T3 处理的水稻茎干质量分别显著降低 13.33%和 13.95%,这可能是孕穗期高温抑制了水稻茎的生长,进而降低了水稻地上部干物质量。抽穗期 T1 处理、T2 处理和 T3 处理的水稻茎干质量分别较 CK 显著降低 11.25%、20.24%和 14.87%;灌浆期 T2 处理和 T3 处理的水稻茎干质量分别较 CK 显著降低了 20.12%和 16.21%;成熟期 T2 处理和 T3 处理的水稻茎干质量仍低于 CK,T3 处理水稻茎干质量较 CK 显著降低 21.47%[见图 6-2(b)]。所有胁迫处理对水稻叶片干质量影响不显著[见图 6-2(c)]。抽穗期 T2 处理和 T3 处理的穗干质量分别较 CK 显著降低 25.44%和 36.47%;灌浆期 T2 处理和 T3 处理的穗干质量分别较 CK 显著降低 77.59%和 39.52%,成熟期 T2 处理和 T3 处理的穗干质量仍低于 CK,且分别较 CK 显著降低 78.66%和 11.45%[见图 6-2(d)]。可见,高温会降低水稻茎和穗干质量,而高温×涝胁迫会缓解单一高温对水稻籽粒灌浆的抑制作用,避免水稻大幅度减产。

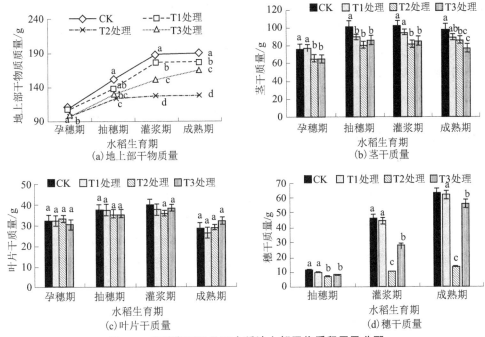

图 6-2　孕穗期不同处理水稻地上部干物质积累及分配

6.3.4　水稻产量及其构成因素

表 6-4 为不同处理水稻产量及产量构成因素。从表 6-4 可以看出,与 CK 相比,T1 处理、T2 处理和 T3 处理的穗长分别较 CK 显著降低 5.44%、13.29%和 5.59%;T2 处理的穗质量较 CK 显著降低 82.84%;T1 处理、T2 处理和 T3 处理的结实率分别较 CK 显著降低 5.89%、25.06%和 17.13%;T2 处理和 T3 处理千粒质量分别较 CK 显著降低 16.31%和 11.86%,T2 处理和 T3 处理每盆产量分别较 CK 显著降低 80.09%和 12.33%,且 T2 处理千粒质量和每盆产量分别较 T3 处理显著降低 5.05%和 77.29%。综上可知,孕穗期高温处理会显著降低水稻穗长、穗质量、结实率、千粒质量和产量,而高温×涝双重胁迫处理会显著降低结实率、千粒质量和产量,但与单一高温处理相比,高温×涝双重胁迫处理会缓解单一高温对结实率和千粒质量的影响,从而降低产量损失。

表 6-4　不同处理水稻产量及产量构成因素

处理	穗长/cm	穗质量/g	结实率/%	千粒质量/g	每盆产量/g
CK	12.87a	2.04a	89.11a	24.28a	61.88a
T1	12.17b	2.16a	83.86b	24.08a	59.62a
T2	11.16c	0.35b	66.78d	20.32c	12.32c
T3	12.15b	1.87a	73.85c	21.40b	54.25b

6.4　讨　论

水分和温度是影响水稻生长和产量的重要环境因子。本研究表明,孕穗期单一的淹水处理(T1)会增加水稻叶片 SPAD 值,促进水稻叶片中叶绿素的增加[23],进而促进水稻叶片的光合作用[24-26]。孕穗期 T2(高温)处理会降低水稻叶片 SPAD 值、光合速率以及气孔导度,这与杜尧东等[27]研究结果一致。这可能是高温降低了水稻叶片的气孔导度,使叶绿体内 CO_2 供应受阻,致使光合速率下降。孕穗期 T2(高温)处理会降低水稻叶片的净光合速率(P_n),一方面,可能是由于高温会造成叶绿体和细胞质破坏,同时降低叶绿体的酶活性[28];另一方面,高温时,植株光合速率低于呼吸速率[28],因此高温虽然会增加植株的真正光合作用,但受植株呼吸作用的牵制,会导致表观光合作用降低。但与单一的高温胁迫相比,T3(高温×涝)处理的水稻叶片光合速率、气孔导度以及蒸腾速率都显著增加,且与 CK 无显著性差异,说明高温×涝双重胁迫会缓解单一高温对水稻造成的伤害,延缓水稻衰老,这主要是由于高温×涝双重胁迫会通过增加蒸腾作用来降低叶片温度[29],延缓叶片衰老,延长叶片光合作用功能[30],促进水稻生长发育。通过双因素方差分析可知,孕穗期高温对水稻剑叶的各个光合参数影响不显著,但温度和水分交互作用对水稻剑叶的气孔导度(G_s)、蒸腾速率(T_r)及胞间 CO_2 摩尔分数(C_i)影响显著,这可能是高温与涝交互作用短期内改变植株生长环境,高温高湿会增加植株叶片的光合作用,促进水稻生长发育。

高温不仅对作物的光合作用产生抑制,还会对作物的产量及产量构成因素产生影响[31]。干物质积累与分配直接影响产量和经济效益。孕穗期 T2(高温)和 T3(高温×涝)处理均会降低孕穗期水稻地上部干物质积累,这主要是由于茎秆干物质降低导致的[见图 6-2(b)],孕穗期后,水稻由营养生长转向生殖生长,地上部干物质积累由茎、叶转向籽粒。孕穗期高温胁迫降低了水稻产量,主要是由于孕穗期高温降低水稻千粒质量和结实率,其中一是因为孕穗期高温胁迫会阻碍枝梗形成与小花分化,导致花粉败育、结实率降低,阻碍茎鞘碳水化合物向穗部转运,进而降低穗粒数和结实率[32-33],表现为高温限制库容;二是高温下同化物合成、积累、转运及分配等过程受阻,源供应和流转运能力受到限制。高温导致穗分化期和籽粒灌浆期缩短[34-35],增加呼吸消耗,抑制叶片光合作用,从而引起籽粒不灌浆或灌浆不良,导致空、瘪粒率增加,降低水稻产量,而高温与涝双重胁迫会缓解单一高温胁迫对水稻生长发育的抑制作用,保证水稻生育后期具有较高的光合速率和地上部干物质积累速率,促进水稻光合产物积累和籽粒灌浆,从而减少产量损失。水稻生长期雨热同期,容易遭遇极端高温或降水事件以及二者相继发生的天气现象,其发生的时期、强度以及持续时间因地而异。同时,高温与涝双重胁迫对水稻生长的影响机制还与水稻品种的特性(耐高温和耐涝性)相关。因此,要全面揭示不同生育期高温与涝双重胁迫对水稻的响应机制,需要开展大量的试验研究。本研究表明,孕穗期遭遇高温天气时,可以增加稻田水层至 15 cm 左右,缓解高温对水稻生长的影响。本试验结果仅是盆栽试验的研究结果,还需进行大田试验验证。

6.5　本章小结

(1)孕穗期高温会降低水稻叶片的 SPAD 值和净光合速率,且 T2 处理的净光合速率较 CK 降低 30.77%,而高温与涝处理会增加水稻叶片的 SPAD 值和光合速率以及气孔导度,且气孔导度较 CK 显著增加 51.90%。

(2)孕穗期高温会降低水稻地上部干物质量、产量要素及产量,T2 处理和 T3 处理千粒质量分别较 CK 显著降低 16.31% 和 11.86%,T2 处理和 T3 处理每盆产量分别较 CK 显著降低 80.09% 和 12.33%,且 T3 处理千粒质量和每盆产量分别较 T2 处理显著增加了 5.32% 和 3.40 倍。

(3)高温与涝双重胁迫可以缓解单一高温对水稻生长的抑制作用,若水稻生长关键生育期遭遇高温天气时,可以适当增加稻田水层,缓解高温对水稻的影响,减少产量损失。

参 考 文 献

[1]董思言,高学杰.长期气候变化:IPCC 第五次评估报告解读[J].气候变化研究进展,2014,10(1):56-59.

[2]IPCC. Climate Change 2014:Synthesis Report. Contribution of Working Groups I, II and III to the Fifth Assessment Report of the Intergovernmental Panel on Climate Change [R]. New York: IPCC, Geneva, Switzerland, 2015.

[3]邓超,李蕾.1981—2010 年江淮地区持续性强降水低频特征分析[J].沙漠与绿洲气象,2017,11(2):50-59.

[4]郭雪,王志伟,俞胜彬,等.20 世纪我国东部地区的降水及极端旱涝事件变化规律[J].干旱气象,2013,31(3):476-481.

[5]王矿,王友贞,汤广民.水稻拔节孕穗期淹水对产量要素的影响[J].灌溉排水学报,2015,34(9):40-43.

[6]吴启侠,杨威,朱建强,等.杂交水稻对淹水胁迫的响应及排水指标研究[J].长江流域资源与环境,2014,23(6):875-882.

[7]KUANAR S R, RAY A, SETHI S K, et al. Physiological basis of stagnant flooding tolerance in rice [J]. Rice Science, 2017, 24(2): 73-84.

[8]谢晓金,李秉柏,李映雪,等.抽穗期高温胁迫对水稻产量构成要素和品质的影响[J].中国农业气象,2010,31(3):411-415.

[9]张桂莲,张顺堂,萧浪涛,等.水稻花药对高温胁迫的生理响应[J].植物生理学报,2013,49(9):923-928.

[10]成添,胡继超,李映雪,等.淹涝胁迫对水稻植株叶片光合性能的影响[J].气象与环境科学,2019,42(1):26-33.

[11]刘春溪,孙备,王国骄,等.开放式增温对粳稻光合作用和叶绿素荧光参数的影响[J].生态环境学报,2018,27(9):1665-1672.

[12]廖江林,肖小军,宋宇,等.灌浆初期高温对水稻籽粒充实和剑叶理化特性的影响[J].植物生理学报,2013,49(2):175-180.

[13]江晓东,姜琳琳,华梦飞,等.喷施不同化学制剂对水稻叶片抗高温胁迫的效果分析[J].中国农业气象,2018,39(2):92-99.

[14]CHENG W G, SAKAI H, YAGI K, et al. Combined effects of elevated [CO_2] and high night temperature on carbon assimilation, nitrogen absorption, and the allocations of C and N by rice (Oryza sativa L.) [J]. Agricultural and Forest Meteorology, 2010, 150(9): 1174-1181.

[15]凌启鸿,杨建昌.水稻群体"粒叶比"与高产栽培途径的研究[J].中国农业科学,1986,19(3):1-8.

[16]杨建昌,王志琴,朱庆森.水稻产量源库关系的研究[J].江苏农学院学报,1993,14(3):47-53.

[17]WANG P, ZHANG Z, SONG X, et al. Temperature variations and rice yields in China:Historical contributions and future trends[J]. Climatic Change, 2014, 124(4): 777-789.

[18]江敏,金之庆,石春林,等.长江中下游地区水稻孕穗开花期高温发生规律及其对产量的影响[J].生态学杂志,2010,29(4):649-656.

[19]江晓东,华梦飞,杨沈斌,等.喷施钾钙硅制剂改善高温胁迫水稻叶片光合性能提高产量[J].农业工程学报,2019,35(5):126-133.

[20]中华人民共和国国家质量监督检验检疫总局,中国国家标准化管理委员会.主要农作物高温危害温度指标:GB/T 21985—2008[S].北京:中国标准出版社,2008.

[21]甄博,郭相平,陆红飞.旱涝交替胁迫对水稻分蘖期根解剖结构的影响[J].农业工程学报,2015,31(9):107-113.

[22]周敏姑,邵国敏,张立元,等.无人机多光谱遥感反演冬小麦SPAD值[J].农业工程学报,2020,36(20):125-133.

[23]朱寒,时元智,洪大林,等.水肥调控对水稻叶片SPAD值与产量的影响[J].中国农村水利水电,2019(11):50-53,65.

[24]石小虎,蔡焕杰.基于叶片SPAD估算不同水氮处理下温室番茄氮营养指数[J].农业工程学报,2018,34(17):116-126.

[25]邱权,李吉跃,王军辉,等.水肥耦合效应对楸树苗期叶片净光合速率和SPAD值的影响[J].生态学报,2016,36(11):3459-3468.

[26]李静,李志军,张富仓,等.水氮供应对温室黄瓜叶绿素含量及光合速率的影响[J].干旱地区农业研究,2016,34(5):198-204.

[27]杜尧东,李键陵,王华,等.高温胁迫对水稻剑叶光合和叶绿素荧光特征的影响[J].生态学杂志,2012,31(10):2541-2548.

[28]吴韶辉,蔡妙珍,石学根.高温对植物叶片光合作用的抑制机制[J].现代农业科技,2010(15):16-18.

[29]甄博,周新国,陆红飞,等.拔节期高温与涝交互胁迫对水稻生长发育的影响[J].农业工程学报,2018,34(21):105-111.

[30]郭立君,肖小平,程凯凯,等.缓解超级早稻灌浆结实期高温热害的灌水深度研究[J].灌溉排水学报,2021,40(1):62-70.

[31]宋晓雯,王国骄,孙备,等.开放式增温对不同耐热性粳稻光合作用和产量的影响[J].沈阳农业大学学报,2019,50(6):648-655.

[32]SATAKE T, YOSHIDA S. High temperature-induced sterility in indica rices at flowering[J]. Japanese Journal of Crop Science, 1978, 47(1):6-17.

[33]曹云英,段骅,杨立年,等.减数分裂期高温胁迫对耐热性不同水稻品种产量的影响及其生理原因[J].作物学报,2008,34(12):2134-2142.

[34]MOHAMMED A R, TARPLEY L. High nighttime temperatures affect rice productivity through altered pollen germination and spikelet fertility[J]. Agricultural and Forest Meteorology, 2009,149(6/7):999-1008.

[35]KIM J, SHON J, LEE C K, et al. Relationship between grain filling duration and leaf senescence of temperate rice under high temperature[J]. Field Crops Research, 2011, 122(3):207-213.

第 7 章　适雨灌溉与氮肥耦合下水稻对氮素的吸收利用

7.1　研究目的

水稻是我国的主要粮食作物,年种植面积达 3 000 万 hm²,也是我国灌溉用水量最大、化肥消费量最多的农作物[1]。研究表明,农田土壤养分的流失已成为农业面源污染的主要来源[2],而施肥和水分管理是影响农田氮、磷迁移的重要因素,因此水稻季进行节水、减污和增产显得尤为重要。

近年来,国内外学者就稻田节水灌溉和施肥技术进行了大量的研究,水稻"浅、湿、晒"灌溉、间歇灌溉、干湿交替灌溉以及水稻旱作等节水灌溉措施,新型肥料的研发与施用、氮肥实时实地管理等施肥技术一直是研究的热点。相关研究[3-8]表明节水灌溉技术、缓/控释肥和有机、无机肥的施用,在不影响水稻产量情况下能有效降低稻田用水量,同时减少稻田氮、磷径流和渗漏损失,提高水稻水氮利用效率。然而,这些研究主要集中在我国太湖流域等地区,且水稻各个生育阶段稻田的径流产生量及氮、磷流失规律还不明确。江汉平原地区水稻关键生育期与梅雨期同步,降雨引起的地表和地下排水较其他作物及地区的水稻更为频繁,排水量也更大,且梅雨期过后又容易出现间接性干旱现象。

为此,根据江汉平原地区降雨特点和水稻各生育期的排水特点,有针对性地提出一套节水节肥不减产、降低农田排(渗)水污染并为农民所接受的肥水管理技术势在必行。本研究基于田间试验,研究了常规灌溉和浅灌深蓄条件下,氮肥运筹对水稻各生育期氮、磷流失特征,光合特性,养分吸收和土壤养分积累的影响,为江汉平原地区稻田节水节肥减排和农业面源污染防控提供参考依据。

7.2　试验材料与方法

7.2.1　试验材料

试验点位于江汉平原腹地的长江大学试验基地(30°21′ N,112°09′ E),属北亚热带农业气候带,年平均气温 16.5 ℃,≥10 ℃积温 5 094.9~5 204.3 ℃,年平均降水量 1 095 mm,年平均日照时数 1 718 h。耕作层(0~20 cm)土壤基本性状为:pH 7.4、全氮 2.04 g/kg、全磷 0.48 g/kg、碱解氮 79.5 mg/kg、速效磷 38.5 mg/kg 和速效钾 108.7 mg/kg。用于本试验的水稻田南北方向长 52 m,东西方向宽 18 m,长年种植水稻,属于典型的水稻田。供试品种为"汇丰 8 号",属中熟中籼两系杂交稻,在湖北省作一季中稻栽培,全生育期 135 d 左右,株高 126 cm 左右,一般 4 月下旬到 5 月上旬播种,5 月下旬到 6 月上旬移栽,8 月上旬孕穗,9 月中旬成熟。

7.2.2　试验方法

按灌溉模式和氮肥管理二因素交互试验,采用随机区组排列。两种灌排模式为:常规淹灌(CF)和浅灌深蓄(SIDS)。水稻移栽后的 10～14 d,所有的试验小区均维持 10～40 mm 浅水层。此后,CF 和 SIDS 处理分别进行田间水分管理。CF 常规淹灌:水稻秧苗返青后田面保持 10～80 mm 水层,整个生育期不晒田,收获前 10 d 自然落干;SIDS 浅灌深蓄:秧苗返青后将稻田一次性灌溉至田面水深 40～60 mm,待其自然落干至表土以下 100 mm 左右(视稻田土壤湿润状况和水稻生长而定),再次灌溉至 40～60 mm,往复进行,水稻扬花期,维持田面水深 30～50 mm 一周,收获前 10 d 自然落干;依据相关研究[9]调节稻田蓄水深度如下,水稻返青期间如遇降雨稻田可蓄水至 50 mm,分蘖—拔节期间如遇降雨稻田可蓄水至 100 mm,拔节—成熟期间如遇降雨稻田可蓄水至 150 mm。3 种氮肥管理为:农民习惯施肥(FFP)、30%尿素(30%N)+70%金正大控释掺混肥(CRF,释放周期为 70 d)和优化减氮施肥(OPT-N)。农民习惯施肥中 70%氮肥为普通复合肥,基肥施入,30%氮肥为尿素,分蘖期施入;控释掺混肥中 70%氮肥为控释掺混肥,30%氮肥为尿素(N-46%),基肥施入;优化减氮施肥中 50%氮肥为普通复合肥,基肥施入,50%氮肥为尿素,分别在分蘖期施入35%,幼穗分化期施入 15%。习惯施肥、控释掺混肥和减氮优化施肥中磷肥和钾肥不足部分用过磷酸钙(P_2O_5-12%)和氯化钾(K_2O-60%)补充,全部基施。普通复合肥由湖北中化东方肥料有限公司提供,其养分含量为:N-18%,P_2O_5-8%,K_2O-15%;控释掺混肥由金正大生态工程集团股份有限公司提供,其养分含量为:N-28%(包膜)、P_2O_5-5%、K_2O-9%。具体施肥方案如表 7-1 所示。

表 7-1　试验施肥方案　　　　　　　　　　单位:kg/hm^2

施氮处理	总施氮量	基肥施氮量		分蘖肥施氮	穗肥施氮量
		普通尿	缓释氮		
FAF	180.0	126.0		54.0	
CRF	180.0	54.0	126		
ARN	150.0	75.0		52.5	22.5

试验共设 6 个处理,3 次重复。依照本试验田大小和前人相关研究[10-12]将水稻田沿东西向划分为 18 个 15 m×2.2 m 的规整小区,四周设置宽 1 m 的保护行,小区四周用高 60 cm PVC 隔水板隔开,田面表土层上下各 30 cm,防止试验过程中小区间串水。常规淹灌和浅灌深蓄区组在南北两边各 9 个小区,3 种氮肥处理在区组内随机排布。稻田东边田埂设有灌水管道,西边外侧设有排水渠。每个小区单独灌排,进水管接装小型计量水表,排水管末端接径流收集桶。本试验于 2016 年 5 月 5 日播种,6 月 5 日移栽,种植间距为 25 cm×30 cm,9 月 18 日收获。

7.2.3　测定项目与分析方法

7.2.3.1　径流水、渗漏水的取样及测定

试验期内气象数据来源于荆州农业气象试验站。降雨过后,按照水稻不同生育期及

上述的水管理方法进行排水,各小区径流量通过带盖溢流桶收集。每个处理埋置一个自制的铁渗漏桶(直径 30 cm,长 1 m),埋入地下 60 cm,管口高出地表 40 cm,上部加盖,以防止雨水、尘土或昆虫进入管内,用水位测针每 2~3 d 测量一次,根据水位差计算每天稻田渗漏量。在各小区田面离进水口 3 m、9 m、12 m 处地下人工埋设陶土头土壤渗流溶液采集器(30 cm 处),在水稻的返青期、分蘖期、拔节孕穗期、抽穗扬花期和灌浆成熟期灌水和降雨(雨量达 30 mm)结束 1 d、3 d、7 d 之后取土壤渗漏水样。本试验测定的水质指标与方法:总氮(TN)采用碱性过硫酸钾消解紫外分光光度法(GB 11894—89);氨氮(NH_4^+-N)采用纳氏试剂紫外分光光度法(本法与 GB 7479—87 等效);硝氮(NO_3^--N)采用紫外分光光度法;总磷(TP)和溶解态磷(DP)采用钼酸铵分光光度法,颗粒态磷(PP)用差减法求得[13]。

7.2.3.2　土样的采集及测定

收获后每个小区各取一次 0~20 cm 和 20~40 cm 深度的土壤混合样,土样全氮量采用浓 H_2SO_4—H_2O_2 消煮凯氏定氮法;铵态氮(NH_4^+-N),KCl 浸提—靛酚蓝比色法;硝态氮(NO_3^--N),KCl 浸提—紫外分光光度法;全磷量采用 NaOH 熔融钼锑抗比色法;速效磷采用 $NaHCO_3$ 浸提—钼锑抗比色法[14]。

7.2.3.3　光合性能

在上午 9:00~11:00 利用 Li-6400 便携式光合作用测定仪测定水稻剑叶净光合速率(P_n)、气孔导度(C_s)、细胞间 CO_2 浓度(C_i)和蒸腾速率(T_r)。开放式气路,CO_2 浓度约为 385 μmol/L,选择红蓝光源叶室,设定光合有效辐射(PAR)为 1 500 μmol/(m^2·s)。每处理每重复取 3 片生长一致且受光方向相近的剑叶测定。

7.2.3.4　水稻植株样采集及测定

分别于返青期、分蘖期、拔节期、孕穗期、齐穗期、灌浆期和成熟期,从每小区取 5 穴生长均匀并有代表性的植株,分茎鞘、叶片和穗,105 ℃ 杀青,80 ℃ 烘干至恒重,称重并粉碎。测定指标及方法为:全氮量采用浓 H_2SO_4—H_2O_2 消煮凯氏定氮法,全磷量采用浓 H_2SO_4—H_2O_2 消煮钒钼黄比色法。

7.2.3.5　测产

成熟期各处理取两个 5 穴用于考种,测定有效穗数、穗长、每穗粒数、结实率和千粒质量。各小区实收 3 m^2 测产。

7.2.4　数据分析

应用 DPS 15.10 高级版进行方差分析,LSD 法进行处理间多重比较,利用 MS Excel 2007 作图。降雨期间,忽略不计其地下深层渗漏(地下水位较高[15])和植物截留(多年平均值在 0.2% 左右[16]),降雨利用率 Y,按式(7-1)计算:

$$Y = \frac{R_T - R_t}{R_T} \times 100\% \tag{7-1}$$

式中,R_T 为农田某时段的降雨总量,mm;R_t 为农田某时段的径流量,mm。

氮、磷流失量 P,按式(7-2)计算:

$$P = \sum_{i=1}^{n} (C_i \times V_i)　　　　　　　(7\text{-}2)$$

式中，C_i为第 i 次径流(或渗漏)水中氮(或磷)的浓度，mg/L；V_i为第 i 次径流(或渗漏)水的体积，L。

7.3　结果与分析

7.3.1　田间降雨量、径流量、灌溉量与渗漏量

水稻移栽后不同灌溉模式的降雨量、灌溉量与稻田径流量如图 7-1 所示。水稻移栽后 110 d 内累计降雨量为 550.3 mm，日降雨量最大为 70.3 mm(7 月 2 日，第 46 d)，CF 处理田间灌溉 7 次，灌溉量为 440.5 mm，总用水量为 990.8 mm，径流量为 194.8 mm(分蘖期产生 157.3 mm，拔节孕穗期产生 37.5 mm)，而 SIDS 处理田间灌溉 4 次，灌溉量为 257 mm，总用水量为 807.3 mm，径流量为 105.6 mm(全部在分蘖期产生)。SIDS 处理田间灌溉水量、总用水量和径流量较 CF 处理分别降低 41.7%、18.5%和 45.8%，降雨利用率增加 16.2%。经估算，CF 和 SIDS 处理水稻全生育期累计渗漏水量分别为 343 mm 和 268 mm，浅灌深蓄处理渗漏水量较淹灌降低了 21.9%。由于 SIDS 处理显著削减了灌溉次数和灌溉量，使得田间水分负荷、径流量和渗漏量明显下降。

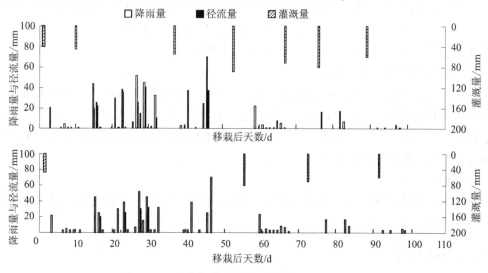

图 7-1　不同灌排模式的降雨量、径流量与灌溉量

7.3.2　水稻生育期稻田不同形态氮、磷素径流流失量

江汉平原地区农田径流多发期主要在每年梅雨期，不同水肥管理水稻各生育期稻田氮、磷素径流流失量及总流失量如表 7-2 所示。常规灌溉方式下，稻田氮、磷径流流失量的 70%左右在分蘖期，30%左右径流流失量在拔节孕穗期，而浅灌深蓄条件下，稻田氮、磷径流流失期全在分蘖期，因为江汉平原的梅雨季节正处于中稻的返青期—拔节孕穗期，而

此时稻田的施肥量大,田面水氮素、磷素浓度高,使得返青期—分蘖期成为降低稻田氮、磷径流流失的关键时期。常规灌溉方式下,全生育期稻田 NH_4^+-N、NO_3^--N、TN、DP 和 TP 径流流失量分别为 $1.99 \sim 2.69$ kg/hm²、$0.77 \sim 1.16$ kg/hm²、$4.30 \sim 6.07$ kg/hm²、$0.14 \sim 0.16$ kg/hm² 和 $0.32 \sim 0.34$ kg/hm²,而浅灌深蓄较常规灌溉方式 NH_{4+}-N、NO_3^--N、TN、DP 和 TP 径流流失量分别降低 28.5%~35.7%、22.4%~54.5%、32.6%~35.9%、35.7%~60.0% 和 36.4%~53.1%;其中 NH_4^+-N、NO_3^--N 和 PP 是 TN 和 TP 径流流失的主要形态。

表 7-2　不同水肥管理稻田各形态氮素和磷素径流流失量　　　单位:kg/hm²

生育期	指标	CF			SIDS		
		FFP	30%N+70%CRF	OPT-N	FFP	30%N+70%CRF	OPT-N
分蘖期	NH_4^+-N	2.27 a	1.53 b	1.54 b	1.73 a	1.43 b	1.28 b
	NO_3^--N	1.07 a	0.90 b	0.73 b	0.90 a	0.66 b	0.35 c
	TN	4.76 a	3.20 b	2.30 c	3.89 a	3.20 b	2.90 b
	DP	0.11 a	0.12 a	0.12 a	0.09 a	0.08 a	0.06 a
	TP	0.27 a	0.27 a	0.26 a	0.21 a	0.19 a	0.15 a
拔节孕穗期	NH_4^+-N	0.43 a	0.47 a	0.45 a	—	—	—
	NO_3^--N	0.09 a	0.06 b	0.04 b	—	—	—
	TN	1.31 a	1.67 a	1.51 a	—	—	—
	DP	0.03 a	0.03 a	0.03 a	—	—	—
	TP	0.06 a	0.07 a	0.06 a	—	—	—
总流失量	NH_4^+-N	2.69 a	2.00 b	1.99 b	1.73 a	1.43 b	1.28 b
	NO_3^--N	1.16 a	0.95 b	0.77 c	0.90 a	0.66 b	0.35 c
	TN	6.07 a	4.87 b	4.30 b	3.89 a	3.20 b	2.90 b
	DP	0.14 a	0.16 a	0.15 a	0.09 a	0.08 a	0.06 a
	TP	0.33 a	0.34 a	0.32 a	0.21 a	0.19 a	0.15 a

注:不同小写字母分别表示方差分析结果反映的处理间在 5% 水平上的差异性($P<0.05$,下同),下同。

　　两种水管理方式下,30%N+70%CRF 处理和 OPT-N 处理较 FFP 处理,TN 径流流失量可分别降低 19.7%~29.2% 和 25.4%~51.7%,但 TP 径流流失量差别非常小;各处理间方差分析表明,常规灌溉和浅灌深蓄方式下 30%N+70%CRF、OPT-N 处理 TN 径流总流失量均显著低于 FFP 处理,SIDS+OPT-N 处理 TN 径流总流失量可降低至 2.90 kg/hm²,常规灌溉方式下 TP 径流总流失量在 3 种施肥之间处理差异不显著,但浅灌深蓄方式下 OPT-N 处理 TP 径流总流失量显著低于 FFP 处理,可达到 0.15 kg/hm²,表明水稻生长前期氮肥控释或减量施用,可有效降低氮素流失,但是对磷素流失的影响较小。

7.3.3　水稻各生育期稻田不同形态氮、磷素渗漏流失量

水分和养分管理是影响农田氮素和磷素淋失的重要因素。不同水肥管理水稻各生育期稻田氮素、磷素渗漏流失量及总流失量如表 7-3 所示。不同生育阶段水稻的水肥需求也不同，营养生长期和生殖生长期对水肥需求差别较大，返青期—拔节孕穗期是稻田施肥量和用水量最多的时期，从而稻田氮素和磷素的淋失量也会随之增加，本研究表明返青期—拔节孕穗期稻田氮素和磷素渗漏量占全生育期的 75% 以上，因为此阶段稻田需水量较大，又正处于江汉平原梅雨期。常规灌溉方式下，全生育期稻田 NH_4^+-N、NO_3^--N、TN、DP 和 TP 渗漏流失量分别为 8.98~13.83 kg/hm²、1.40~2.83 kg/hm²、14.16~19.38 kg/hm²、0.22~0.32 kg/hm²、0.37~0.49 kg/hm²，而浅灌深蓄较常规灌溉方式 NH_4^+-N、NO_3^--N、TN、DP 和 TP 渗漏流失量分别降低 23.5%~28.1%、12.9%~37.5%、22.8%~32.0%、5.0%~36.4% 和 16.2%~33.3%，其中 NH_4^+-N、NO_3^--N 和 DP 是 TN 和 TP 淋失的主要形态，浅灌深蓄处理降低各形态氮素、磷素渗漏流失量主要在返青期—拔节孕穗期这个生育阶段，因此此阶段是降低稻田氮、磷淋失的关键时期。

表 7-3　不同水肥管理稻田各形态氮素和磷素渗漏流失量及总流失量　单位：kg/hm²

生育期	指标	CF			SIDS		
		FFP	30%N+70%CRF	OPT-N	FFP	30%N+70%CRF	OPT-N
返青期—拔节孕穗期	NH_4^+-N	11.32 a	8.64 b	7.06 b	8.58 a	6.87 ab	5.96 b
	NO_3^--N	1.92 a	1.26 a	0.85 a	1.48 a	1.00 ab	0.90 b
	TN	15.08 a	11.28 b	10.35 b	11.01 a	9.19 ab	8.58 b
	DP	0.23 a	0.15 a	0.14 a	0.21 a	0.16 a	0.10 b
	TP	0.33 a	0.28 a	0.24 a	0.30 a	0.24 ab	0.19 b
抽穗扬花期—成熟期	NH_4^+-N	2.51 a	1.88 a	1.92 a	1.36 a	1.16 a	0.91 a
	NO_3^--N	0.91 a	0.28 b	0.55 ab	0.29 a	0.26 a	0.32 a
	TN	4.30 a	3.21 a	3.92 a	2.17 a	2.00 a	1.84 a
	DP	0.09 a	0.05 a	0.08 a	0.04 a	0.03 a	0.04 a
	TP	0.16 a	0.09 a	0.15 a	0.08 a	0.07 a	0.07 a
总流失量	NH_4^+-N	13.83 a	10.52 b	8.98 b	9.94 a	8.03 ab	6.87 b
	NO_3^--N	2.83 a	1.54 b	1.40 b	1.77 a	1.26 a	1.22 a
	TN	19.38 a	14.49 a	14.26 a	13.18 a	11.19 ab	10.42 b
	DP	0.32 a	0.20 a	0.22 a	0.25 a	0.19 a	0.14 a
	TP	0.49 a	0.37 a	0.39 a	0.38 a	0.31 a	0.26 a

两种水管理方式下，30%N+70%CRF 处理和 OPT-N 处理较 FFP 处理，TN 渗漏流失量可分别降低 15.1%~25.2% 和 20.9%~26.4%，TP 渗漏流失量可分别降低 18.4%~24.5% 和

20.4%~31.6%,各处理间方差分析表明,常规灌溉和浅灌深蓄方式下,30%N+70%CRF 处理、OPT-N 处理 NH_4^+-N、NO_3^--N 和 TN 渗漏总流失量均显著低于 FFP 处理,OPT-N 处理的 NH_4^+-N、NO_3^--N 和 TN 渗漏总流失量低于 30%N+70%CRF 处理,但无显著差异;DP 和 TP 渗漏总流失量在 3 种施肥处理间大小为 FFP>30%N+70%CRF>OPT-N,但各处理间差异均不显著。

7.3.4　不同水肥运筹下水稻的产量及其构成因素

不同水肥运筹下水稻的产量及其构成因素见表 7-4。SIDS 水管理处理的有效穗数、穗长、每穗粒数、结实率、千粒质量和实际产量均高于 CF 处理,其中每穗粒数、结实率和实际产量的增加量达 10.4%、5.3% 和 4.4%,而各施肥处理间产量最终表现为 30%N+70% CRF>OPT-N>FFP。在 CF 水管理方式下,三种施肥处理间的有效穗数、穗长、千粒质量和实际产量以 30%N+70%CRF 处理最高,但各处理间均无显著差异,而 30%N+70%CRF 处理的结实率却显著高于 FFP 处理和 OPT-N 处理。在 SIDS 水管理方式下,三种施肥处理间的有效穗数、穗长、千粒质量和结实率表现为 30%N+70%CRF 处理最高,但各处理间均无显著差异,30%N+70%CRF 处理的实际产量最高,为 9 100 kg/hm²,高于 FFP 处理 6.8%,达到显著水平,表明与传统的灌溉和施肥方式相比,浅灌深蓄的水管理方式下施用 30%N+70%CRF 更有助于产量的形成。

表 7-4　不同水肥运筹对水稻产量及构成因素的影响

水分管理	氮肥运筹	有效穗数/个	穗长/cm	每穗粒数/个	结实率/%	千粒质量/g	实际产量/(kg/hm²)
CF	FFP	11.8±0.8a	29.7±1.0a	265.2±9.2a	70.3±2.4a	26.8±0.1a	8 244a
	30%N+70%CRF	11.9±1.1a	30.4±1.0a	270.4±11.4ab	82.0±1.9c	26.7±0.2a	8 602a
	OPT-N	11.7±0.7a	29.5±0.2a	279.9±1.7b	80.7±2.6b	26.7±0.2a	8 302a
SIDS	FFP	11.6±0.7a	29.7±0.5a	287.8±6.2b	80.6±6.6a	26.9±0.6a	8 522a
	30%N+70%CRF	12.1±0.8a	31.0±0.8a	316.4±2.2a	84.0±7.3a	27.8±0.2a	9 100b
	OPT-N	10.9±0.7a	30.8±1.6a	296.0±8.9b	80.9±6.7a	27.4±0.3a	8 642ab

7.3.5　不同水肥运筹下水稻不同生育期地上部干物质的积累量

不同水肥管理条件对水稻不同生育时期地上部干物质的积累量影响不同(见表 7-5)。两种水管理方式相比,SIDS 处理的水稻在分蘖期、齐穗期和成熟期的地上部干物质积累量均高于 CF 处理,分别增加 17.5%、35.0% 和 4.0%。随着生育时期的推迟,CF 处理移栽期至分蘖期、分蘖期至齐穗期和齐穗期至成熟期干物质积累量占成熟期总干物质积累量的比例呈一定的上升趋势,而 SIDS 处理在齐穗期至成熟期则呈一定的下降趋势,表明常规水管理方式下水稻的干物质积累主要集中在前中期,而浅灌深蓄条件下水稻干物质积累则主要集中在中后期。

　　从施肥方式上看,30%N+70%CRF 处理在分蘖期干物质积累量显著高于 OPT-N,移栽期至分蘖期阶段干物质积累量占总积累量比例表现为 30%N+70%CRF>FFP>OPT-N;在分蘖期,CF 水管理方式下 30%N+70%CRF 处理显著高于其他两种施肥处理,而 SIDS 水管理方式下三种施肥处理间无显著差异,CF 和 SIDS 处理的分蘖期至齐穗期阶段干物质积累量占总积累量比例分别表现为 30%N+70%CRF>OPT-N>FFP 和 FFP>OPT-N>30%N+70%CRF;在成熟期,CF 水管理方式下三种施肥处理间无显著差异,SIDS 水管理方式下 30%N+70%CRF 处理显著高于 FFP 施肥处理,CF 和 SIDS 处理的齐穗期至成熟期阶段干物质积累量占总积累量比例分别表现为 30%N+70%CRF>OPT-N>FFP 和 FFP>OPT-N>30%N+70%CRF,表明适当的氮肥后移有利于中后期生育阶段干物质积累量的增加,30%N+70%CRF 处理的干物质积累在分蘖期—成熟期阶段比较均匀。

表 7-5　不同水肥运筹对水稻不同生育期地上部干物质的积累量影响

水分管理	氮肥运筹	干物质积累量/(t/hm^2)			各生育阶段干物质量所占比例/%		
		分蘖期	齐穗期	成熟期	移栽—分蘖期	分蘖期—齐穗期	齐穗期—成熟期
CF	FFP	1.92±0.12a	6.11±0.42b	13.41±2.15a	14.3a	31.2b	54.5a
	30%N+70%CRF	2.32±0.34a	8.75±0.93a	15.03±1.93a	15.4a	42.8a	41.8b
	OPT-N	1.44±0.25b	6.57±0.31b	14.80±2.26a	9.7b	34.7b	55.6a
SIDS	FFP	2.09±0.22b	8.98±1.03a	13.11±1.21b	15.9ab	52.6a	31.5b
	30%N+70%CRF	2.85±0.29a	10.49±2.42a	16.66±0.79a	17.1a	45.9a	37.0a
	OPT-N	1.73±0.15c	9.44±1.54a	15.20±1.29ab	11.4b	50.7a	37.9a

7.3.6　不同水肥运筹下水稻不同生育期剑叶的光合特征

　　不同水肥运筹下水稻不同生育期剑叶的光合特征见表 7-6,与 CF 灌溉方式相比,SIDS 处理水稻净光合速率(P_n)、气孔导度(G_s)、胞间 CO_2 浓度(C_i)和蒸腾速率(T_r)在分蘖期分别增加 5.5%、9.7%、5.4% 和 9.9%;在拔节期分别增加 3.0%、13.0%、5.8% 和 14.0%;在孕穗期分别增加 3.6%、12.1%、4.0% 和 11.6%;在齐穗期分别增加 1.4%、3.6%、1.0% 和 2.9%;在灌浆期分别增加 2.1%、2.6%、1.5% 和 5.5%;在乳熟期分别增加 -5.5%、-1.4%、-1.5% 和 -3.1%;这表明浅灌深蓄方式下有助于水稻在分蘖期—灌浆期光合特性的增强,其增加量呈下降的趋势,表明浅灌深蓄有助于成熟期的前移。

　　从施肥方式上来看,与 FFP 处理相比,水稻生长期间 30%N+70%CRF 和 OPT-N 处理的 P_n、G_s、C_i 和 T_r 均有所增加,表明氮肥后移有助于光合作用的增强;在分蘖期,两种水管理方式下 30%N+70%CRF 处理的 P_n、G_s、C_i 和 T_r 均显著高于 FFP 处理;在孕穗期,浅灌深蓄条件下 OPT-N 处理的 P_n、G_s、C_i 和 T_r 均显著高于 FFP;在乳熟期,两种水管理方式下 OPT-N 处理的 P_n、G_s 和 T_r 均高于 30%N+70%CRF 和 FFP 处理,且常规淹灌条件下 OPT-N 处理的 P_n、G_s 和 T_r 与 FFP 处理相比达到显著水平,说明在减氮优化施肥时,应注意后期的施肥量与田间的水分调控,否则会造成水稻贪青晚熟。

表 7-6　不同水肥运筹对水稻不同生育期光合特征的影响

特征指标	水分管理	氮肥运筹	生育期					
			分蘖期	拔节期	孕穗期	齐穗期	灌浆期	乳熟期
P_n[μmolCO$_2$/(m^2·s)]	CF	FFP	23.60±3.01b	24.92±1.41ab	21.15±5.4b	25.99±0.83a	15.94±3.38a	7.30±1.44b
		30%N+70%CRF	25.16±3.95a	25.53±1.72a	21.71±3.64b	25.47±1.25a	16.38±1.99a	9.93±2.54a
		OPT-N	21.67±3.15b	23.60±1.48b	26.83±5.09a	26.57±2.29a	16.70±1.99a	11.00±3.18a
	SIDS	FFP	24.54±3.62b	25.97±2.26a	21.76±3.13b	26.50±2.4a	16.04±3.28a	8.07±2.76b
		30%N+70%CRF	27.72±1.76a	25.44±2.08a	24.61±2.96ab	26.40±1.94a	17.35±2.21a	7.39±2.26b
		OPT-N	22.04±2.26b	24.83±1.33a	25.86±2.88a	26.19±2.86a	16.68±2.24a	11.23±2.92a
G_s[molH$_2$O/(m^2·s)]	CF	FFP	0.45±0.1a	0.37±0.1a	0.38±0.08ab	0.53±0.05ab	0.75±0.17a	0.24±0.03a
		30%N+70%CRF	0.55±0.09b	0.40±0.08a	0.33±0.09b	0.54±0.08b	0.52±0.07b	0.24±0.04a
		OPT-N	0.55±0.11b	0.46±0.09a	0.45±0.12a	0.61±0.06a	0.68±0.12a	0.26±0.03a
	SIDS	FFP	0.41±0.15b	0.39±0.15b	0.40±0.06b	0.56±0.08ab	0.71±0.15a	0.22±0.04b
		30%N+70%CRF	0.64±0.09b	0.43±0.09b	0.44±0.08ab	0.54±0.07b	0.61±0.12a	0.25±0.05ab
		OPT-N	0.65±0.07a	0.57±0.11a	0.46±0.07a	0.64±0.09a	0.68±0.14a	0.26±0.04a
C_i(μmol/mol)	CF	FFP	285.21±33.36b	240.96±38.53a	288.96±18.8a	293.99±5.7a	323.87±15.43a	355.34±8.72a
		30%N+70%CRF	325.32±10.33a	249.67±26.63a	271.24±27.45a	287.11±12.35a	318.31±5.4a	323.17±16.06b
		OPT-N	301.83±13.71b	261.92±14.99a	273.06±18.63a	293.35±7.72a	318.48±8.22a	346.78±23.81ab
	SIDS	FFP	305.54±16.39b	253.23±21.93b	300.15±8.76a	292.89±7.52a	319.88±11.53a	353.94±18.13b
		30%N+70%CRF	326.20±14.86a	288.28±10.15a	285.79±10.58b	294.91±11.04a	327.86±6.08a	320.58±17.85a
		OPT-N	330.05±8.04a	254.42±22.57b	280.61±7.21b	295.37±9.15a	327.02±9.06a	335.08±19.60a
T_r[mmolH$_2$O/(m^2·s)]	CF	FFP	4.38±0.86b	2.95±0.78a	4.23±0.67b	5.86±0.52b	4.28±0.36b	5.48±0.41a
		30%N+70%CRF	6.09±0.58a	3.35±0.56a	4.29±0.76b	5.97±0.62ab	4.69±0.31a	5.90±0.83ab
		OPT-N	6.35±0.62a	3.52±0.61a	5.64±0.94a	6.36±0.34a	5.15±0.38a	6.26±0.48b
	SIDS	FFP	4.52±1.18b	2.99±1.04a	4.56±0.44b	5.97±0.66b	4.93±0.47a	4.95±0.96b
		30%N+70%CRF	6.85±0.55a	4.85±0.87a	5.42±0.63a	6.11±0.44ab	4.92±0.37a	5.78±0.70a
		OPT-N	7.12±0.48b	3.35±0.66b	5.82±0.55a	6.63±0.59a	5.04±0.54a	6.36±0.53a

7.3.7 不同水肥管理下水稻地上部的氮、磷吸收量

不同水肥管理对不同生育时期水稻氮、磷积累量和实际产量的影响如表 7-7 所示。随生育进程,稻株氮、磷积累量呈逐渐增加趋势,由于各生育期稻田水肥管理方式不一样,水稻氮、磷吸收量趋势不太一致,两种水管理方式相比,水稻返青期—分蘖前期氮、磷吸收量差别不大,主要是因为前期水管理都一样,后期 SIDS 处理水稻的氮、磷吸收量略高于 CF 处理,主要是因为土壤的通气状况得以改善,可向土壤(水稻根区)提供足够的氧,有利于改善水稻的根系系统,从而促进水稻后期对养分的吸收利用。从氮吸收和磷吸收的增幅来看,在 CF 和 SIDS 水管理下,返青期至分蘖期吸氮量增幅均为 30%N+70%CRF>FFP>OPT-N,吸磷量增幅均为 30%N+70%CRF>OPT-N>FFP;分蘖期至孕穗期和灌浆期至成熟期吸氮量、吸磷量增幅均为 OPT-N>30%N+70%CRF>FFP;孕穗期至灌浆期吸氮量、吸磷量增幅均为 30%N+70%CRF>FFP>OPT-N。各处理间差异性分析表明,两种灌溉方式下成熟期氮、磷吸收量和实际产量均为 30%N+70%CRF>OPT-N>FFP,常规灌溉下各处理间实际产量无显著差异,但浅灌深蓄下 30%N+70%CRF 的氮、磷吸收量和实际产量与 OPT-N 无显著差异,却显著高于FFP。总体而言,与 CF 灌溉方式相比,SIDS 灌溉方式下 30%N+70%CRF 施肥处理更有助于氮、磷的吸收和实际产量的提高,但 OPT-N 施肥处理可减少常规施肥量的 16.7%,同时也不会影响结实期氮、磷素向籽粒中转运及导致实际产量的降低。

表 7-7 不同水肥管理下水稻地上部的氮磷吸收量 单位:kg/hm²

水分管理	氮肥运筹	返青期		分蘖期		孕穗期		灌浆期		成熟期	
		TN	TP	TN	TP	TN	TP	TN	TP	TN	TP
CF	FFP	1.12a	0.13ab	41.53a	2.91b	61.19a	14.85a	124.51a	30.40a	153.64a	48.86a
	30%N+70%CRF	1.40a	0.23a	49.40a	5.49ab	73.14b	13.56a	157.55b	25.13b	171.87b	55.96b
	OPT-N	1.05a	0.13b	26.21b	3.38b	70.59b	13.13a	138.82ab	30.93a	154.79ab	53.82ab
SIDS	FFP	1.13ab	0.16ab	41.66a	3.39a	71.13a	12.31a	137.51a	24.82a	157.37a	52.27a
	30%N+70%CRF	1.21a	0.19a	56.99b	6.39b	82.95b	16.78b	158.11b	30.38b	179.02b	63.29b
	OPT-N	0.92b	0.10b	30.23c	5.37b	76.06ab	15.90ab	139.00a	28.68ab	167.72ab	57.68ab

注:TN 表示植株地上部总氮含量;TP 表示植株地上部总磷含量。

7.3.8 不同水肥管理下稻田土壤不同形态氮、磷含量

水稻收获后,不同土层铵态氮、硝态氮、速效磷、全氮和全磷含量如图 7-2 所示。可以看出,土壤铵态氮、硝态氮、速效磷、全氮和全磷含量在 0~40 cm 土层深度随着土壤深度的增加而呈现降低的趋势,两种灌溉方式相比,SIDS 处理 0~20 cm 和 20~40 cm 土层铵态氮、硝态氮、速效磷、全氮和全磷含量差别不大,表明浅灌深蓄的灌溉方式不会造成稻田 0~40 cm 土层养分累积。30%N+70%CRF 处理 0~20 cm 和 20~40 cm 土层铵态氮、硝态氮含量均显著高于 FFP,这是因为 70 d 控释尿素的释放期比较长,能够维持水稻生长中后期土壤较高的铵态氮、硝态氮含量;OPT-N 处理 0~20 cm 和 20~40 cm 土层铵态氮含量均显著高于 FFP,但与 30%N+70%CRF 处理差异不显著;除 30%N+70%CRF 处理 0~20 cm 土层速效磷含量显著高于 FFP 外,30%N+70%CRF 处理和 OPT-N 处理在 0~20 cm 和 20~40 cm 土层速效磷含量均高于 FFP 处理,但差异不显著;各处理间 0~20 cm 和 20~40 cm 土层全氮、全磷含量增加和降低的幅度非常小,差异均不显著。这表明在水稻的整个生育期内,施用控释尿素或者优化减氮施肥,0~20 cm 土层土

壤速效养分在水稻后期都能维持在一个较高且相对稳定的水平,比常规施肥处理更有利于满足水稻中后期生长对土壤氮素、磷素的需求,但是对 20~40 cm 土层土壤全氮、全磷养分含量影响较小,从而可以降低氮磷对浅层地下水的环境风险。

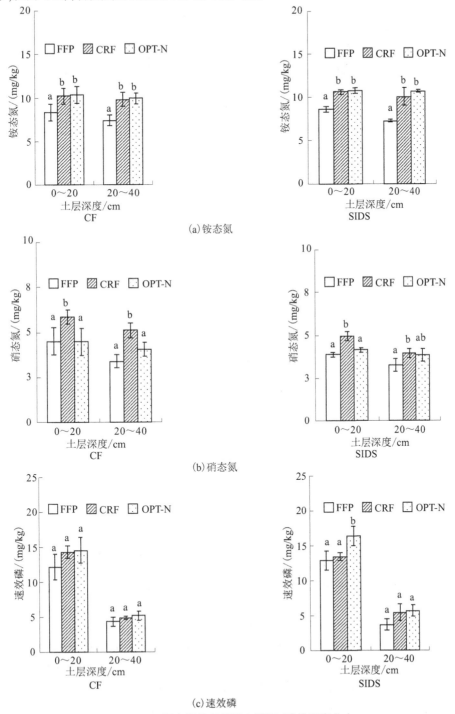

(a)铵态氮

(b)硝态氮

(c)速效磷

图 7-2　不同水肥管理稻田土壤氮、磷的垂直分布

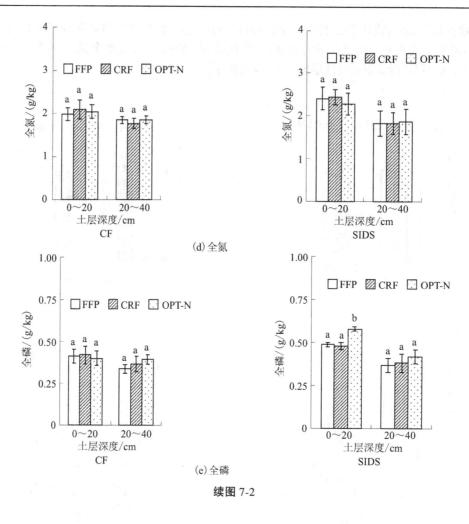

(d) 全氮

(e) 全磷

续图 7-2

7.4　讨　论

7.4.1　不同水肥管理对稻田氮、磷流失的影响

稻田氮、磷径流和渗漏流失量与降雨量及灌溉量关系密切。一般而言,灌溉量和降雨量越大,降雨距灌溉过后的时间越近,径流和渗漏量就越大。本研究表明浅灌深蓄处理较常规淹灌处理,田间灌溉水量、总用水量、径流量、渗漏量和降雨利用率分别降低 41.7%、18.5%、45.8%、21.9% 和增加 16.2%,TN 和 TP 径流流失量分别降低 32.6%~35.9% 和 36.4%~53.1%,TN 和 TP 渗漏流失量分别降低 22.8%~32.0% 和 16.2%~33.3%。潘乐[7]研究表明"浅、湿、晒"灌溉比常规淹灌排水量减少 10.3%,TN 流失量减少 19.1%,TP 流失量减少 11.3%。间歇灌溉比常规淹灌排水量减少 15.0%,TN 流失量减少 3.6%,TP 流失量减少 19.5%,相较"浅、湿、晒"灌溉和间歇灌溉,本研究稻田排水量和氮、磷流失量更低。姜萍等[5]研究表明与常规淹灌处理相比,湿润灌溉处理可减少 8.9% 的灌水量、6.0% 的径流排水量以及 17.3% 的渗漏排水量,同时整个水稻季,减少了 38.2% 的 TN 径流流失,以及

42.1%的 TN 渗漏流失,相较湿润灌溉,本研究中浅灌深蓄处理的田间灌溉量可在其基础上再降低 30%左右。根据江汉平原地区降雨特点,本研究还发现稻田氮、磷径流和渗漏流失的主要时期是在水稻返青分蘖期—拔节孕穗期,主要原因是这个生育阶段稻田施肥量最大,降雨比较集中且雨量较大,所以这个阶段是控制稻田氮、磷流失的关键时期。浅灌深蓄能在节省水资源的同时提升雨水的蓄存和利用能力,减少灌溉水量,并有效削减径流发生次数和径流量,从而有助于削减稻田氮、磷等面源污染物的输出负荷。

施肥量、施肥时间及施肥方式是影响稻田氮、磷流失的另一个主要因素。本研究表明30%N+70% CRF 处理、OPT-N 处理较 FFP 处理,TN 径流和渗漏流失量可分别降低19.7%~29.2%、15.1%~25.2%和 25.4%~51.7%、20.9%~26.4%,但 TP 径流流失量差别非常小,TP 渗漏流失量可降低 18.4%~24.5%、20.4%~31.6%。纪雄辉等[16]研究报道,与常规氮肥相比,100%氮肥控释处理和 70%氮肥控释处理稻田 TN 径流流失量较常规氮肥处理分别降低 24.5%和 27.2%。李娟[17]研究表明减量 20%的氮、磷施用量,不仅能有效降低稻田氮、磷流失风险,还能保障水稻产量和提高氮、磷利用率,这与本研究结论相一致。这主要是因为控释氮肥和氮肥减量后移可以避开本地区梅雨季节,进而减少氮素的损失,同时也可以保证水稻生育后期对养分的吸收利用,这也成为今后主要的研究方向。

7.4.2 不同水肥管理对水稻生长及土壤养分积累的影响

水稻叶片作为光合作用的主要器官,直接影响其光能利用率和干物质生产能力,进而影响水稻产量。当然[18],作物的光合作用受到诸多因素的影响,例如温度、光照度和气体等生境因子,但是在农作措施上水肥管理起到决定性作用。赵黎明等[19]发现在轻度干湿交替的灌溉方式下,水稻生育后期光合物质生产能力强,最终籽粒产量较高。本研究表明,浅灌深蓄有助于增强水稻叶片光合作用、干物质的积累从而提高产量。裴鹏刚等[20]的研究结果表明,增施氮肥能显著增加水稻生育后期的光合速率,提高水稻产量,但郭智等[21]研究表明减磷处理对水稻叶片色素含量、净光合速率及产量未有显著影响。本研究表明 30%N+70%CRF 处理的水稻前期光合作用和中后期生育阶段干物质积累量明显增加,表明适当的氮肥后移有助于后期养分供应和光合产物向籽粒中转移,而乳熟期浅灌深蓄相比常规淹灌光合作用明显下降,说明常规淹灌条件下水稻成熟期会推迟,若生育后期积温不够则不利于高产的形成。

水、肥在水稻生长发育过程中是相互影响和制约的两个因子。一方面,优化水、氮管理技术,达到以水促肥、以肥调水的目的,对减少水稻灌溉用水、高效利用肥料来实现水稻稳产高产有重要意义;另一方面,稻田生产需要提高土壤养分,土壤养分管理要求综合运用各种施肥措施,并将施肥措施进行优化,以达到保育土壤养分的同时减少过多养分流失形成水体富营养化[22]。本研究表明 SIDS 处理水稻的氮、磷吸收量略高于 CF 处理,但 0~40 cm 土层土壤铵态氮、硝态氮、速效磷、全氮和全磷含量差别不大,SIDS 处理其实际产量相对 CF 处理可增产 4.4%,此结论鲜见报道,表明浅灌深蓄可能有利于水稻根系生长和发育,促进水稻生育后期对养分的吸收,保障实际产量有所增加,同时又不会造成土壤养分累积,进而降低氮、磷对浅层地下水的环境风险。

合理平衡施肥是保证水稻正常生长的关键因子。研究表明减量 10%~20%的氮、磷用量短期内不会对水稻植株的氮吸收量产生显著影响[17],而缓控释肥可以推迟施入土壤中肥料的初始养分释放速率或者延长肥料后期的养分释放来促进作物的养分吸收利用[23]。本研究表明,30%N+70%CRF 处理和 OPT-N 处理 0~20 cm 和 20~40 cm 土层铵态氮、硝态氮、速效磷含量均高于 FFP,但各处理间 0~20 cm 和 20~40 cm 土层全氮、全磷含量增加和降低的幅度非常小,说明控释氮肥和减量优化施氮可提高土壤中速效养分,但不会导致全量养分的过度累积。针对实际产量而言,30%N+70%CRF 处理和 OPT-N 处理相对 FFP 处理可增产 5.6%和 0.4%,表明相对常规施肥而言,30%N+70%CRF 一次施用可提高实际产量并能够较好地与水稻各生长阶段对各养分的需求速度同步,促进水稻对养分的吸收和养分向籽粒中的转移转化,而减量优化施肥也可以获得最高的经济产量、籽粒营养物质含量及土壤养分保持量。

7.5　本章小结

(1)SIDS 处理较 CF 处理,田间灌溉水量、总用水量、径流量和渗漏量分别降低41.7%、18.5%、45.8%和 21.9%,降雨利用率增加 16.2%,全生育期稻田 NH_4^+-N、NO_3^--N、TN、DP 和 TP 径流流失量均降低 20%以上,渗漏流失量均降低 10%以上,30%N+70%CRF处理的 TN 径流流失和渗漏流失量最低,且水稻返青期—拔节孕穗期是稻田氮、磷径流和渗漏流失的关键时期。

(2)与 CF 灌溉方式相比,SIDS 处理水稻在分蘖期—灌浆期净光合速率(P_n)、气孔导度(G_s)、胞间 CO_2 浓度(C_i)和蒸腾速率(T_r)明显增加;SIDS 处理的水稻在分蘖期、齐穗期和成熟期的地上部干物质积累量均高于 CF 处理,分别增加 17.5%、35.0%和 4.0%;SIDS处理实际产量相对 CF 处理可增产 4.4%,但对 0~40 cm 土层养分累积影响不大,30%N+70%CRF 处理和 OPT-N 处理相对 FFP 处理可增产 5.6%和 0.4%,且 0~20 cm 土层速效氮、磷养分能维持在一个较高且相对稳定的水平。

(3)浅灌深蓄结合 30%N+70%CRF 施用有利于稻田节水,减少氮、磷流失,水稻增产以及土壤肥力改善。

参 考 文 献

[1]朱成立,张展羽.灌溉模式对稻田氮磷损失及环境影响研究展望[J].水资源保护,2003(6):56-58.

[2]Schoumans O F, Chardon W J. Risk assessment methodologies for predicting phosphorus losses[J]. Journal of Plant Nutrition and Soil Science, 2003, 166: 403-408.

[3]叶玉适,梁新强,金熠,等.节水灌溉与控释肥施用对稻田田面水氮素变化及径流流失的影响[J].水土保持学报,2014,28(5):105-112,118.

[4]叶玉适,梁新强,李亮,等.不同水肥管理对太湖流域稻田磷素径流和渗漏损失的影响[J].环境科学学报,2015,35(4):1125-1135.

[5]姜萍,袁永坤,朱日恒,等.节水灌溉条件下稻田氮素径流与渗漏流失特征研究[J].农业环境科学学报,2013,32(8):1592-1596.

[6]褚光,陈婷婷,陈松,等.灌溉模式与施氮量交互作用对水稻产量以及水、氮利用效率的影响[J].中国

水稻科学,2017(5):513-523.

[7]潘乐.水稻灌区节水防污型农田水利系统减轻农业面源水污染研究[D].武汉:武汉大学,2012.

[8]刘立军,徐伟,桑大志,等.实地氮肥管理提高水稻氮肥利用效率[J].作物学报,2006,32(7):987-994.

[9]吴启侠,朱建强,晏军,等.涝胁迫对杂交中稻形态和产量的影响[J].中国农业气象,2016,37(2):
　　188-198.

[10]王光火,张奇春,黄昌勇.提高水稻氮肥利用率,控制氮肥污染的新途径——SSNM[J].浙江大学学
　　报(农业与生命科学版),2003,29(1):67-70.

[11]Heffer P. Assessment of fertilizer use by crop at the global level 2006/07-2007/08[C]//International Fer-
　　tilizer Industry Association, 2009.

[12]赵宏伟,沙汉景.我国稻田氮肥利用率的研究进展[J].东北农业大学学报,2014,45(2):116-122.

[13]龚海青,张敬智,陈晨,等.磷肥后移与减量对水稻磷素利用效率的影响[J].中国农业大学学报,
　　2017,22(5):144-152.

[14]国家环境保护总局《水和废水监测分析方法》编委会.水和废水监测分析方法[M].4版.北京:中国
　　环境科学出版社,2013.

[15]朱建强.易涝易渍农田排水应用基础研究[M].北京:科学出版社,2007.

[16]纪雄辉,郑圣先,鲁艳红,等.施用尿素和控释氮肥的双季稻田表层水氮素动态及其径流损失规律
　　[J].中国农业科学,2006(12):2521-2530.

[17]李娟.不同施肥处理对稻田氮磷流失风险及水稻产量的影响[D].杭州:浙江大学,2016.

[18]刘红江,陈虞雯,张岳芳,等.不同播栽方式对水稻叶片光合特性及产量的影响[J].江苏农业学报,
　　2016,32(6):1206-1211.

[19]赵黎明,李明,郑殿峰,等.灌溉方式与种植密度对寒地水稻产量及光合物质生产特性的影响[J].农
　　业工程学报,2015,31(6):159-169.

[20]裴鹏刚,张均华,朱练峰,等.秸秆还田耦合施氮水平对水稻光合特性、氮素吸收及产量形成的影响
　　[J].中国水稻科学,2015,29(3):282-290.

[21]郭智,刘红江,张岳芳,等.氮磷减施对水稻剑叶光合特性、产量及氮素利用率的影响[J].西南农业
　　学报,2017,30(10):2263-2269.

[22]程倩.南四湖区优化施肥对水稻养分吸收和产量及土壤养分的影响[D].泰安:山东农业大学,2015.

[23]Fujinuma R, Balster N J, Norman J M. An improved model of nitrogen release for surface-applied con-
　　trolled-release fertilizer[J]. Soil Science Society of America Journal, 2009, 73: 2043-2050.

第 8 章　稻田排水再利用模式

本章在分析排水再利用研究现状基础上提出稻田排水再利用模式。首先针对现有 CN(Curve Number)方法预测地表排水量精度不足的缺陷,采用递推关系概化前期产流条件,并改进了 CN 方法;其次构建排水再利用驱动下的稻区水循环模型,评价排水再利用的补灌与减排效应及其影响因子;最后基于田间试验分析了排水再利用下稻田磷素的时空变化与控污效应。

8.1　排水再利用研究进展

随着全球极端气候与粮食需求的增加,农业水资源紧缺、洪涝灾害与水环境恶化进一步加剧。排水再利用技术以补充灌溉和减少农业排水及水肥流失的优势被广泛采用。例如在干旱、半干旱地区,为了缓解灌溉水源的不足,埃及、印度、巴基斯坦、美国和中国等国家均实施了排水再利用(Barnes,2014;Tanji and Kielen,2002)。在湿润地区,以日本为代表的亚洲国家则因其减少排水及肥料流失引起的面源污染作用而推行稻田排水再利用(Guerra et al.,1998;Takeda et al.,1997)。

近年来,水资源相对丰富的水稻种植区也从局部的季节型干旱逐渐演变成区域性干旱,导致了占全国 40% 种植面积和粮食产量的水稻作物的灌溉需水量显著提高(单真莹等,2008)。汛期频繁的大量灌溉或降雨又易产生灌溉回归水、地表或地下排水,甚至会造成涝渍灾害。这种水旱交替频发的现象及普遍存在的沟渠塘堰的水资源调蓄功能强化了在水稻灌区实行排水再利用的必要性和可行性(董斌等,2009;谭学志等,2011)。在南方漳河灌区水稻生长区的研究也表明利用自然沟塘形成的排水再利用提高了灌区的节水潜力和实际灌溉水利用率(蔡学良等,2007;王建鹏、崔远来,2013)。然而水稻作物的频繁灌溉排水却加剧了氮、磷等营养物质向地表水体的排放,尤其在水稻泡田或施肥后,排水中的磷素含量显著提高(Somura et al.,2009;李学平、石孝均,2008)。为追求作物高产稳产的过量施肥也加剧了氮、磷流失对地表水体的污染并降低了肥料利用率,如水稻当季磷肥的利用率仅为 5%~15%,若加上后效作用也不会超过 25%(王庆仁等,1999;朱兆良,2000)。若能通过循环灌溉把稻田排水及其所含的氮、磷重新输入田间供作物吸收利用将有助于缓解干旱缺水和地表水环境恶化。从控制地表水体环境污染的角度看,磷素含量是受纳地表水体富营养化的限制因子,它不像氮素可被水生植物从空气中固持,故通过排水再利用减少磷素向地表水体的排放量才是有效控制河湖等水体富营养化的关键(Hart et al.,2004;张慧敏等,2008)。而排水再利用是否增加排水磷素浓度的风险仍缺乏系统的研究,进而限制了其在中国水稻种植区的推广应用。

在干旱、半干旱地区先行开展的研究表明,适宜的排水再利用能够补充灌溉水源的不足和保障作物产量(Sharma et al.,2004)。结合农田排水与湿地系统在北美地区开展的排水地下灌溉研究也发现利用排水再灌溉可大幅提高作物产量和减少氮、磷流失量(Allred等,2003;Tan,Zhang,2011)。然而在提高水资源利用率的同时,排水再利用不仅把对作物生长有利的氮、磷等营养物质输入农田,也把对作物生长有害的各种离子一并输入。为了明确这些离子的盐渍化危害,在干旱、半干旱地区开展了大量的有关咸排水再利用对作物产量与品质、土壤理化性质等影响的研究(Ayars et al.,2011;许迪等,2004)。基于不同的排水属性和土壤与气候条件提出了应对盐害的循环灌溉方式(如混合灌溉与交替灌溉等)和耐盐作物的选择方法等(Dudley等,2008;Grieve等,2003;Jury等,2003)。基于各种灌溉用水水质指标,研究和构建了评价含盐排水进行循环灌溉的适应性、盐渍化风险和土壤环境效应的方法(胡顺军等,2004;王少丽等,2011)。这些研究为干旱、半干旱地区的排水再利用推广应用奠定了理论和技术基础。

与干旱、半干旱地区的排水存在盐害不同,在水稻生长的湿润地区排水中很少含有对作物生长有害的物质,一般可以直接利用排水进行灌溉。以日本为代表的研究者在水稻种植区开展了排水再利用的补充灌溉和减少氮、磷流失效应的研究。Hama 等(2010)通过在排水干沟设置控制闸门蓄水再灌溉,结果发现85%的年均灌溉水量来自于排水再利用。Zulu等(1996)在干旱缺水或用水高峰期利用上游排水灌溉下游水稻田,共补充了下游15%的年均总灌溉水量。在补充灌溉水源不足的同时,排水再利用也增加了磷素在水田的停留时间,如此便增强了颗粒态磷的沉淀作用及溶解性磷被土壤吸附和作物吸收利用的效率从而提高了水田对磷素的净化效率(Hama et al.,2010;Shiratani et al.,2004;Takeda et al.,1997)。例如,Feng 等(2005)研究发现排水再利用条件下磷素经排水的流失量与通过降雨和灌溉输入田间的总磷量之差(以下定义为净输出量)为−0.37 kg/hm^2,并认为水田对磷素的净输出量为负(净化作用)是排水再利用增加了土壤对磷素吸附量的结果。Takeda 等(2006)基于8年的长期田间观测也发现总磷的年均净输出量为−0.49 kg/hm^2,表明该区域具有对总磷的净化功能。然而排水再利用下水田的磷素净输出量也可能为正,如 Takeda 等(1997)发现1992 年、1993 年和1994 年的总磷净输出量分别为−2.87 kg/hm^2、+1.13 kg/hm^2 和−4.20 kg/hm^2,并认为1993 年的磷净输出量为正是由于当年较大的降雨量减少了排水的循环利用量所致。此外,也有研究表明排水再利用下水田对磷的净化作用还受再利用排水的总磷含量、水力停留时间等因素的影响(Kunimatsu,1983;Takeda et al.,2006)。

综述所述,可见:

(1)大量研究表明排水再利用可补充灌溉水量不足,对于排水再利用补充灌溉和减少排水的量化效应及其影响因子识别方面研究不足,这将限制排水再利用在不同气候条件下的应用及其工程规模的确定。

(2)现状研究主要集中在排水再利用的节水效益和减少磷素流失量上,鲜见报道其效应机制,尤其是缺少稻田磷素迁移的排水再利用响应规律的研究。田面水和渗漏水分别是磷素排水流失的途径源头,两者磷素浓度的变化直接受排水再利用水源的影响。

8.2　排水预测方法

准确计算稻田排水量是排水再利用等农田水管理技术实施的核心,预测稻田排水量为评价稻田排水再利用的节水减排效应提供基础支撑。稻田排水主要为暴雨导致的地表径流,地下排水量很少,故这部分的研究主要集中在具有再利用潜力的稻田地表径流量的预测上。

8.2.1　基于 CN 法的排水预测方法

地表排水量即为地表降雨径流量,在众多预测降雨径流的模型中,CN(Curve Number)方法得到了普遍认可和应用,主要因其计算过程简便、所需参数较少、资料易于获得,并考虑了土壤、植被、土地利用等下垫面对产流的影响,尤其适用于缺乏降雨过程等详细资料的农业小流域(陈正维等,2014),已被 GWLF(Haith et al,1987)、SWAT(Arnold et al.,1998)、EPIC(Williams,1995)、SWMM(Krysanova et al.,1998)等农业水循环或水质模型采用。然而 CN 方法预测的是流域平均产流状况,不能充分反映产流前的流域水分状况以及降雨等条件变化对产流的影响,这极大制约了预测精度(Ponce et al.,1996)。

产流前的流域水分和降雨等条件一般称为前期产流条件(ARC),常以前 5 d 降雨总量为指标将 ARC 简化成干旱条件(ARC1)、平均条件(ARC2)和湿润条件(ARC3),这造成 CN 方法径流预测精度不足(Brocca et al.,2009;Mishra et al.,2006)。此外,CN 方法是针对美国地域条件开发的,当用于其他国家和地区时,仍需在该模型框架中重新率定针对 3 个 ARC 条件的雨量阈值,进而增加了应用模型的难度(Miliani et al.,2011;符素华等,2013)。Sahu 等(2010)和 Huang 等(2007)指出 CN 方法中对产流条件的概化隔断了前期产流条件与径流曲线数(CN)间的连续变化关系,致使径流预测值出现跳跃性变化,从而影响到地表径流预测精度。

为了改善 CN 方法的径流预测精度,针对 ARC 条件已开展了大量研究。基于 ARC 的 3 个简化条件,建立了 CN 与前期降雨量或土壤含水量的线性或非线性关系,或在不同地区修正 3 个前期产流条件下的雨量阈值,这在一定程度上提高了 CN 方法的径流预测精度(Haith et al.,2000;Miliani et al.,2011;夏立忠等,2010)。此外,使用基流(Shaw et al.,2009)或土壤湿润状况(Brocca et al.,2009;Tessema et al.,2014;王敏等,2012)等流域指标与潜在滞蓄量之间建立关联性,也可达到改善径流预测精度的目的,但却明显增加了参数的个数与数据监测工作量。以上这些改进方式要么对径流预测精度的提高仍不显著,要么增加了参数个数或资料获取的难度,使得 CN 方法简便易用的优势不复存在。对 CN 方法的改进完善,应在尽量保证其简便易用前提下,通过有效表征前期产流条件的途径,达到提高地表径流预报准确性的目的(Epps et al.,2013)。

8.2.2　基于 CN 法的排水预测改进方法

8.2.2.1　CN 方法

CN 方法是基于水量平衡方程以及两个基本假设前提下开发的,水量平衡方程如式(8-1)所示:

$$P = I_a + F + Q \tag{8-1}$$

式中,P 为当日降雨量,mm;I_a 为降雨初损量,mm;F 为产流开始后的实际滞蓄量,mm;Q 为地表排水量,mm。

两个基本假设之一为比例相等假设:

$$\frac{Q}{P - I_a} = \frac{F}{S} \qquad (8-2)$$

式中, S 为产流开始后的潜在滞蓄量, mm。

两个基本假设之二为降雨初损量与潜在滞蓄量之间存在线性关系:

$$I_a = \lambda S \qquad (8-3)$$

式中, λ 为初损系数。

由式(8-1)和式(8-2)可得到:

$$Q = \frac{(P - I_a)^2}{(P - I_a + S)} \qquad (8-4)$$

其中潜在滞蓄量 S 可表示为:

$$S = \frac{25\,400}{CN} - 254 \qquad (8-5)$$

式中, CN 是曲线数, 为反映流域下垫面特征的综合参数, 与土壤类型、土地利用方式和水土保持措施等有关。

基于大量降雨径流试验数据, 美国农业部水土保持局得出式(8-3)中的 $\lambda = 0.2$, 再结合式(8-3)~式(8-5)即可得到 CN 方法的另一种表达形式:

$$Q = \begin{cases} \dfrac{(P - I_a)^2}{(P + 4I_a)} & P > I_a \\ 0 & P \leqslant I_a \end{cases} \qquad (8-6)$$

$$I_a = \frac{5\,080}{CN} - 50.8 \qquad (8-7)$$

在实际地表径流计算过程中, CN 为对应于平均条件(ARC2)的值(CN_2)。以前 5 d 总降雨量为指标, 判断干旱条件(ARC1)、平均条件(ARC2)和湿润条件(ARC3)3 个前期产流条件, 且不同 ARC 条件下的相应 CN 取值可参照 NEH-Part630(USDA-ARS, 2004)。

8.2.2.2　改进 CN 方法

前期产流条件(ARC)限制了 CN 方法的径流预测精度(Huang et al., 2007; Ponce et al., 1996; Sahu et al., 2010)。ARC 是前期降雨在植株截留、地表填洼、蒸发蒸腾及入渗等水文过程驱动下形成的产流前流域水分状况, 直接使用前期降雨总量不能精确描述 ARC 对产流量的影响, 需要考量这些水文过程的影响(Boughton, 1989; Mishra et al., 2008)。在式(8-6)和式(8-7)中, 受前期产流条件影响最为显著的参数为降雨初损 I_a, 为此可通过建立 I_a 和前期降雨量的数学关系, 达到概化 ARC 及其对产流量影响的目的。

对不同的 ARC 条件, I_a 在 0 和最大值间变化。土壤比较干燥或长期没有降雨下的降雨初损量为其最大值, 反映了产流前由植株截留、地表填洼和土壤滞蓄等过程形成的流域最大雨水蓄存能力, 被定义为潜在初损 I_d。为此, 当前期日降雨量若超过 I_d 后, 必然形成径流或渗漏水损失, 后续降雨将不会影响次日产流过程。因此, 使用前期降雨量描述 ARC 对产流影响时, 定义总量不超过 I_d 且可影响次日产流的部分实际降雨量为前期有效影响雨量。

前期某日降雨对当日产流的影响是该日有效影响雨量在蒸发蒸腾和入渗等作用下形成的, 受该日和产流当日间若干天的降雨、入渗和蒸发蒸腾等相互作用影响。为了概化这种影响过程,假设前 $i+1$ 日有效影响降雨量对当日产流的影响是通过前 i 日的逐日传递实现的。前 1 d 有效影响雨量对当日产流影响的传递比率被定义为 K,具体表示为前 1 d 有效影响降雨量中通过入渗和蒸发蒸腾等消耗后剩余部分的占比。考虑到这种消耗量与降雨的有效蓄存量间存在近似线性关系,假定 K 值在特定土壤和作物生长条件下不随降雨日期的变化而改变,故前期若干天降雨条件下的有效影响雨量可用递推关系表示:

$$\overline{P_i} = \begin{cases} I_d & P_i + K\overline{P_{i+1}} \geq I_d \\ P_i + K\overline{P_{i+1}} & P_i + K\overline{P_{i+1}} < I_d \end{cases} \tag{8-8}$$

特别地:

$$\overline{P_1} = \begin{cases} I_d & P_1 + K\overline{P_2} \geq I_d \\ P_1 + K\overline{P_2} & P_1 + K\overline{P_2} < I_d \end{cases} \tag{8-9}$$

式中,P_i 为自产流当日向前推算第 i 天的实际日降雨量,mm;$\overline{P_i}$ 为自产流当日向前推算第 i 天的有效影响雨量,mm。

由以上分析可知,前期降雨对产流的影响可归结为对初损值的改变上。考虑到前期逐日降雨对当日产流的影响作用后,I_a 可被表示为:

$$I_a = I_d - K\overline{P_1} \tag{8-10}$$

式(8-6)~式(8-10)即构成了完整的改进型 CN 方法,其中 K 和 I_d 均为待求参数。

为了进一步减少参数的个数和建立与 CN 值的关系,定义 $\overline{P_1} = 0$ 时的潜在滞蓄量 S 和曲线数 CN 分别为 S_d 和 CN_d,且此时有:

$$I_a = I_d = \lambda S_d = 0.2S_d \tag{8-11}$$

结合式(8-5)可得到:

$$I_d = \frac{5\ 080}{CN_d} - 50.8 \tag{8-12}$$

利用式(8-6)、式(8-8)~式(8-10)、式(8-12)及 K 和 CN_d 即可预测地表径流,其中 CN_d 或 K 可利用降雨径流监测数据反求方法获得。

8.2.3 排水预测评价方法

参数率定时采用最小二乘法(Marquardt,1963)。前期产流条件以前 5 d 降雨总量为判断指标,小于 35.6 mm、35.6~53.3 mm 和大于 53.3 mm 分别对应干旱条件(ARC1)、平均条件(ARC2)和湿润条件(ARC3),原 CN 方法采用式(8-5)和式(8-6)进行径流计算。在率定改进 CN 方法中的参数 CN_d 和 K 时,前期降雨影响时段也取前 5 d,采用式(8-6)、式(8-8)、式(8-10)和式(8-12)进行径流计算。

采用统计参数指标评价 CN 方法和改进 CN 方法的径流预测效果。利用模拟结果与观测值的百分比偏差系数 PBLAS 评价模拟结果高于或低于观测值的平均趋势,该值大于 0 表示低估产流量,小于 0 表示高估产流量(Gupta et al.,1999);使用确定系数 R^2 评价模型追踪观测值变化的准确程度,一般大于 0.5 认为可接受(Van Liew et al.,2003);采用模拟效率系数(纳什系数)NSE 表示模拟结果与观测值间的二维图与 1:1 线的契合程度,取值在 0 和 1 之间认为可接受(Moriasi et al.,2007)。统计参数计算方法如下所示。

$$PBIAS = \frac{\sum_{i=1}^{n}(O_i - M_i)}{\sum_{i=1}^{n} O_i} \times 100 \tag{8-13}$$

$$NSE = 1 - \frac{\sum_{i=1}^{n}(O_i - M_i)^2}{\sum_{i=1}^{n}(O_i - \overline{O})^2} \tag{8-14}$$

$$R^2 = \frac{\left[\sum_{i=1}^{n}(O_i - \overline{O})(M_i - \overline{M})\right]^2}{\sum_{i=1}^{n}(O_i - \overline{O})^2 \sum_{i=1}^{n}(M_i - \overline{M})^2} \tag{8-15}$$

式中,n 为观测值数量;O_i 和 M_i 分别为第 i 个模拟结果和观测值,mm;$\overline{O}$ 和 $\overline{M}$ 分别为模拟结果和观测值的均值,mm。

径流预测方法评价中的观测值源于 1997~2008 年五道沟水文水资源实验站不同排水区尺度下的降雨产流试验,3 个封闭排水区的面积分别为 1 600 m²、0.06 km² 和 1.36 km²。如图 8-1 所示,中尺度排水区嵌套在大尺度径流场内,小尺度排水区为正方形,以高 0.3 m 畦埂作为边界形成封闭产流区,中尺度排水区为近似长方形,由部分边界和 1.3 m 深农沟形成封闭产流区,来自不同田块的地表和浅层地下水被汇集到该区东侧农沟内,再流入大尺度径流场的 3 m 深斗沟中,大尺度径流场以路边农沟为界形成封闭产流区。在中尺度和大尺度径流场的降雨径流量分别由雨量站和出口流量监测设备获取(韩松俊等,2012)。

五道沟水文水资源实验站位于淮北平原,地处 117°21′E,33°09′N,属暖温带半湿润季风气候区,年均降水量 911.3 mm,其中 60%~70% 的雨量集中在 6~9 月汛期,多为暴雨,年均气温和蒸发量分别为 15 ℃ 和 917 mm。此外,实验站内地面平缓,平均坡度小于0.5%,土壤类型为砂浆黑土,质地以重壤土为主。

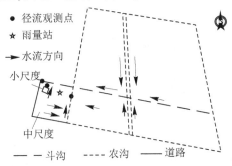

图 8-1　不同排水区尺度下的降雨径流集水区域示意图

8.2.4　排水预测效果评价

从表 8-1 给出的不同排水区尺度下的地表排水预测效果评价指标值可知,改进的 CN 方法提高了不同尺度下的地表径流预测精度,小、中和大3个尺度下现有CN方法的R^2分别为0.85、0.79和0.82,而改进的CN方法的相应值分别为0.93、0.91和0.91,提高了9.4%、15.2%和10.9%,且改进的CN方法的NSE较现有CN方法分别提高了8.3%、23.3%和15.2%。由图8-2可见,对于各排水区尺度下的次降雨径流预测精度而言,改进的CN方法较现有模型均有所提高,其中2007年7月20日的地表径流预测值更为接近观测值,改善效果最为明显。

表8-1　不同排水区尺度下地表径流预测效果评价指标值

排水区尺度	方法	观测值/mm		预测值/mm		PBIAS/%	NSE	R^2
		均值	标准差	均值	标准差			
小	CN	52.0	48.9	55.9	44.6	−7.4	0.84	0.85
	改进 CN			51.1	39.8	1.9	0.91	0.93
中	CN	81.9	50.5	78.2	56.9	4.4	0.73	0.79
	改进 CN			78.7	51.9	3.9	0.90	0.91
大	CN	65.1	46.6	63.7	49.8	2.3	0.79	0.82
	改进 CN			65.0	45.7	0.2	0.91	0.91

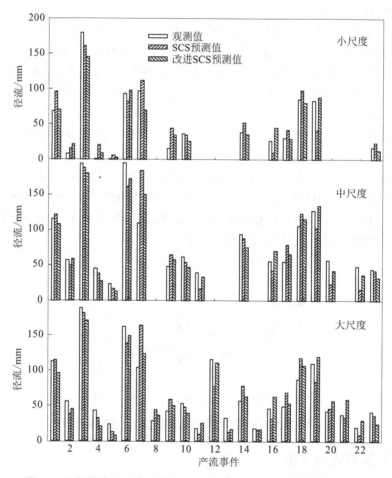

图8-2　不同排水区尺度下的次降雨径流预测结果与观测值间的对比

排水沟系分布状况等差异是造成不同排水区尺度下前期降雨蓄存和消耗过程中存在差异的主要因素。尽管现有 CN 方法和改进 CN 方法都反映了该因素对降雨蓄存的影响,但后者可以反映蒸发蒸腾和沟道侧渗损失的消耗过程,致使其更准确地预测不同尺度下的地表径流量。此外,在不同排水区尺度次降雨产流下,径流预测改善程度上的差异也与现有 CN 方法将连续的前期产流条件简单划为 3 个孤立点有关,致使不同前期降雨条件下现有 CN 方法不同程度地放大或减少了降雨初损值。以 2007 年 7 月 20 日的产流事件为例,现有 CN 方法判断为干旱条件(ARC1),小、中和大尺度下的 I_a 计算值较改进的 CN 方法分别放大了 1.7 倍、2.3 倍和 1.8 倍,致使径流预测值较实测值分别低估了 50.1%、19.2% 和 22.7%。

对比不同排水区尺度下改进的 CN 方法参数率定结果可以发现,不同排水区尺度的 K 值为 0.85,小、中和大尺度下的 CN_d 率定值分别为 77、92 和 88,这体现出不同排水区尺度间产流特性上的差异。采用傅里叶幅度敏感性检验法(Saltelli et al.,1999)分析改进的 CN 方法径流预测结果后发现,CN_d 和 K 的一阶敏感指数分别为 0.77 和 0.19,总敏感指数分别为 0.79 和 0.21,这表明两个参数在径流预测值变化上的贡献都很大,且两者之间的相互耦合影响较小。因此,引入参数 K 概化前期产流条件的改进 CN 方法不仅显著提高了地表径流预测精度,而且 K 对预测地表径流的变化也较为敏感。

8.3　排水再利用的补灌减排效应评价

量化排水再利用的补充灌溉和减少排水效应及识别其影响因子是优化不同气候条件下排水再利用工程模式的关键。基于建立的洪涝期排水和干旱期灌溉的塘堰响应模拟模型,Camnasio and Becciu(2011)发现意大利北部农业区采用模型模拟的优化运行规则不仅能减轻洪涝灾害,还能缓解农业灌溉用水的短缺。在澳大利亚半干旱地区,Gyasi-Agyei(2003)基于无资料流域流量图的模型估算了特定灌溉需求和流域面积下的最小塘堰容积规模。为了优化塘堰容积和灌溉规模,Chukalla 等(2013)开发了地表蓄水与灌溉制度模型用于分析多个塘堰的运行情景,发现利用塘堰蓄积排水可提高灌溉频率,但提高塘堰数量不一定能提高灌溉面积,还受排水量和灌溉管理等因素的影响。然而这些模拟研究仍不能很好地回答排水再利用下塘堰工程规模及灌溉与排水区域的因子组合变化对补充灌溉和减少排水的影响。为了量化不同因子的影响,在考虑到作物需水和降雨排水时间分布不均衡的状况下建立以塘堰为主体的区域排水再利用驱动水循环模型,并在典型水稻灌区应用该模型评价灌排面积比及塘堰容积变化对补充灌溉和减少排水的影响。

8.3.1　评价方法与模型

8.3.1.1　评价方法

排水再利用的补充灌溉与减少排水效应分别采用补灌率和减排率两个指标来评价。其中补灌率指作物生育期内灌溉农田灌溉的总水量中来自排水再利用水量所占百分比,即为总灌溉水量中减去其他水源的灌溉量后所占的比率。减排率指作物生育期内排水再利用水量占排水区总排水量的比例,即为塘堰滞蓄的排水量占总排水量的比率。补灌率表示排水再利用对灌溉需水的补充效应,减排率侧重于描述排水再利用对排水区洪涝的消减作用,后者与减少农业面源污染排放的效应更直接。

排水再利用的补充灌溉与减少排水效应受灌溉与排水区域规模、塘堰规模以及降雨产流和作物需水状况的影响。为此定义若干变量因子来表征排水再利用效应的影响因素。定义灌排面积比 RID 表示灌溉区域与排水区域的面积比;定义塘堰容积率 PV 表示塘堰总容积与相应排水区域面积之比,这两个变量都是表征排水再利用涉及的灌溉区域、排水区域和塘堰三者间关系的。对于塘堰本身,则采用塘堰容积 PS 和初始蓄水率 PSi,分别表示塘堰积蓄水量能力和运行时段初的蓄水量占总容积的比例。

补灌率和减排率及其与影响参数 RID、PV、PSi 和 PS 的关系采用构建的水循环模拟模型来评估。为了有效评价不同影响参数对排水再利用补灌率与减排率的影响,根据实地调查和文献调研确定了各参数的取值范围。灌排面积比 RID 变化范围取为 0.01~1,塘堰容积率 PV 变化范围取为 10~3 000 m³/hm²,塘堰初始蓄水率 PSi 变化范围取为 0.01~1,塘堰容积 PS 变化范围取为 10~100 000 m³(蔡学良等,2006)。为了评价各个参数对补灌率和减排率变化的敏感性,采用傅里叶幅度敏感性检验法(FAST)分别计算一阶和总敏感指数(Saltelli et al.,1999)。FAST 的样本取样和敏感指数计算在 SIMLAB 软件上实现,并假设 4 个参数均服从均一分布(Commission,2008;Ponce and Hawkins,1996)。

8.3.1.2　评价模型

排水再利用的水循环过程主要指通过塘堰的蓄用水过程在排水区域和灌溉区域间进行水量调配,实现涝时滞蓄排水和旱时补充灌溉的过程。在这种水量时空调配过程中具体涉及塘堰的调蓄过程、排水区域的排水过程和灌溉区域的灌溉需水过程。

1.塘堰水平衡计算

由排水集蓄和灌溉用水过程的塘堰水平衡可得:

$$S_e = S_i + 10 \times (Q \cdot A_D - IR \cdot A_I) - DL \tag{8-16}$$

式中,S_i 和 S_e 分别为时段初与时段末的塘堰蓄水量,m³;Q 和 A_D 分别为排水区域的排水量和集水面积,mm 和 hm²;IR 和 A_I 分别为灌溉区域灌溉量和灌溉面积,mm 和 hm²;DL 为时段内的塘堰水损失量,m³。

引入塘堰容积率 PV 和灌排面积比 RID 后,式(8-16)可变为:

$$S_e = S_i + 10 \times (Q - RID \cdot IR) \times \frac{PS}{PV} - DL \tag{8-17}$$

灌溉过程中优先使用塘堰蓄水,蓄水不足时再使用其他水源弥补。塘堰的水面蒸发与渗漏量占塘堰容积较少,可予忽略(毛战坡等,2003),这样塘堰水损失量 DL 即为泄水量。按计算时段内降雨事件和灌溉事件的遭遇状况,分以下情况进行演算。

(1)计算时段内只有灌溉发生时,$S_e = S_i - 10 \times RID \cdot IR \cdot \dfrac{PS}{PV}$,若 $S_e < 0$,则需要利用其他水源灌溉且灌水量为 $10 \times RID \cdot IR \cdot \dfrac{PS}{PV} - S_i$。

（2）计算时段内仅发生降雨时，$S_e = S_i + 10 \times Q \cdot \dfrac{PS}{PV}$，若 $S_e > PS$，则产生塘堰泄水且泄水量为 $DL = S_i + 10 \times Q \cdot \dfrac{PS}{PV} - PS$。

（3）计算时段内灌溉与降雨事件均发生时，考虑到稻田的雨水蓄积深度均不小于最大灌溉水深且同一时段内的灌溉事件均不超过一次，则灌溉事件必定先于排水事件发生。为此灌溉结束后的塘堰蓄水容积（记为 S_{mi}）可表示为：$S_{mi} = S_i - 10 \times RID \cdot IR \cdot \dfrac{PS}{PV}$。若 $S_{mi} < 0$，取值为 0，需要利用其他水源灌溉且灌水量为 $10 \times RID \cdot IR \cdot \dfrac{PS}{PV} - S_i$；随后的降雨排水发生后，$S_e = S_{mi} + 10 \times Q \cdot \dfrac{PS}{PV}$，若 $S_e > PS$，则产生泄水，泄水量为 $DL = S_{mi} + 10 \times Q \cdot \dfrac{PS}{PV} - PS$。

（4）计算时段内灌溉和降雨均未发生时，塘堰蓄水水位不发生改变。

2.排水量计算

排水区的排水量 Q 采用改进 CN 方法 [式(8-6)、式(8-8)~式(8-10)和式(8-12)] 计算。

3.灌溉需水量计算

灌溉需水量指为了满足作物正常生长需求的灌溉水量，主要指作物需水量和田间渗漏量与有效降雨量之差。作物生长阶段的灌溉需水量 IR 可表示为：

$$IR = ET_c + L - P_e \tag{8-18}$$

式中，ET_c 为对应阶段的作物需水量，mm；L 为该阶段的田间渗漏量，mm；P_e 为同一阶段的有效降雨量，mm。

其中有效降雨量采用美国农业部水土保持局推荐的计算方法（Döll et al，2002；Kuo et al.，2006）：

$$P_e = \begin{cases} P \times \dfrac{125 - 0.2P}{125} & P \leqslant 250 \\ 125 + 0.1P & P > 250 \end{cases} \tag{8-19}$$

式中，P_e 为月有效降雨量，mm/月；P 为月累计降雨量，mm/月。若计算日或旬的有效降雨量，通过时段平均来获得（Bos et al.，2008）。

作物需水量指在水分供应充足且不受其他影响因素限制的条件下，为获得最高作物产量所需要的水分总量。FAO（Food and Agriculture Organization）推荐的"参考作物蒸散量乘以作物系数法"是计算作物需水量最普遍的方法（Doorenbos，1977），作物需水量 ET_c 的计算式如下所示：

$$ET_c = ET_0 \times K_c \tag{8-20}$$

式中，ET_0 为参考作物蒸散量，mm；K_c 为作物生长阶段的作物系数，系数 K_c 参照 FAO 推荐的方法分生育早期、发育期、生育中期和生育后期 4 个阶段分段赋值。

参考作物蒸散量 ET_0 采用 FAO（1998）推荐的 penman-monteith 公式计算（Allen et al.，

1998)：

$$ET_0 = \frac{0.408\Delta(R_n - G) + \gamma \dfrac{900}{T + 273}U_2(e_s - e_a)}{\Delta + \gamma(1 + 0.34U_2)} \tag{8-21}$$

式中，R_n 为地表净辐射，MJ/($m^2 \cdot$ d)；G 为土壤热通量，MJ/($m^2 \cdot$ d)；T 为 2 m 高处日平均气温，℃；U_2 为 2 m 高处风速，m/s；e_s 为饱和水气压，kPa；e_a 为实际水气压，kPa；Δ 为饱和水气压曲线斜率，kPa/℃；γ 为干湿表常数，kPa/℃。

8.3.1.3 应用评价区域

选择位于中国湖北省长江中游地区的漳河灌区作为排水再利用评价区域。漳河灌区位于中国水稻主产区，随着近年种植结构的调整，中稻已成为主要种植品种。目前，灌区初步形成以漳河水库水系为骨干，各种中小型蓄水设施彼此连接的"长藤结瓜"式灌溉模式，数量众多的塘堰起到了补充灌溉的作用。该区属亚热带季风性湿润气候，多年平均气温 15.6~16.4 ℃，多年平均蒸发量为 958.4 mm。年均降雨量为 1 003.6 mm，降水时空分布不均，4~10 月降雨占全年的 85%，且地处冷暖空气南北交汇处，极易形成暴雨洪水、夏旱或旱涝急转等自然灾害。为了评价塘堰汛期滞蓄洪涝和旱期补充灌溉的作用，以漳河灌区水稻种植区为研究对象进行排水再利用的分析评价。

所需气象资料来自漳河灌区内的团林实验站，位于湖北省荆门市团林镇（111°15′E，30°50′N）。该实验站有 1977~2014 年的逐日气压、最高气温、最低气温、降雨量、相对湿度、风速和日照时数等历史气象数据。计算排水量所用的曲线数 CN 与影响系数 k 参照相关研究和当地监测数据分别确定为 72 和 0.8（Jiao et al.，2017；USDA-ARS，2004；罗琳等，2014）。根据调查和实验站历史监测资料确定中稻插秧时间为 6 月上旬，生育早期、发育期、生育中期和生育后期的历时分别为 22 d、27 d、37 d 和 23 d，对应的作物系数 K_c 分别为 1.05、1.05~1.63、1.63 和 1.03~1.63，田间渗漏量为 1 mm/d，泡田定额约 135 mm（黄志刚等，2015；王卫光等，2012）。考虑到不同气象和水文条件对排水再利用的影响，基于实验站 37 年的降雨数据，筛选出年降水量发生概率为 25%（丰水年）、50%（平水年）和 75%（枯水年）的 3 个典型水文年下水稻生育期的气象数据。

8.3.2 影响因子敏感性分析

8.3.2.1 补灌效应

补灌率不同影响因子的敏感性分析结果如图 8-3 所示。各参数的一阶和总敏感指数的大小顺序一致，为 RID>PV>PSi>PS，但每个参数在不同水文年间存在明显的数量变化。从一阶敏感指数看，RID 贡献了 36%~53% 的补灌率变化量，PV 贡献了 25%~37% 的补灌率变化量，而 PSi 与 PS 的贡献均较小，PSi 的贡献率为 7%~15%，PS 的贡献率小于 0.1%，前三者对补灌率变化平均贡献率近似为 4:3:1。与一阶敏感指数比较，总敏感指数均不同程度地提高，提高幅度达 17% 以上，这表明不同参数间存在明显的耦合效应。在考虑采用排水再利用技术补充灌溉水量不足的时候，应重点优先考虑 RID 和 PV 两个参数的影响，其次是参数 PSi。

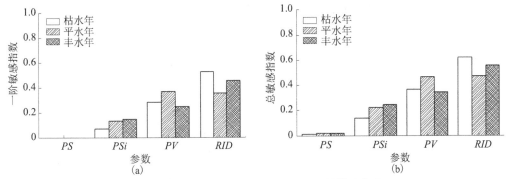

图 8-3　排水再利用下补灌率影响因子的敏感指数

8.3.2.2　减排效应

不同影响因子对减排率的敏感程度如图 8-4 所示。各参数的一阶和总敏感指数的大小顺序一致,为 $PV>RID>PSi>PS$,但每个参数的敏感指数大小在不同水文年间存在明显变化。从一阶敏感指数看,PV 贡献了 65%~78% 的减排率变化量,RID 贡献了 5%~19% 的减排率变化量,而 PSi 与 PS 的贡献皆很小,PSi 的贡献率为 1%~3%,PS 贡献率小于 0.1%,前三者对减排率变化的平均贡献率分别为 70%、10% 和 2%。与一阶敏感指数比较,总敏感指数均不同程度地提高,提高幅度达 7% 以上,这表明不同参数间存在耦合效应。当采用排水再利用来减少排水量时,应重点考虑 PV 和 RID 两个参数的影响,尤其是 PV 对减少排水效应的影响最为显著。

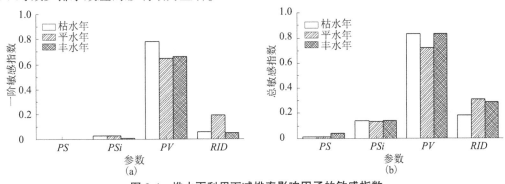

图 8-4　排水再利用下减排率影响因子的敏感指数

8.3.3　影响因子组合效应评价

8.3.3.1　补灌效应

排水再利用补充灌溉的作用受 RID、PV 和 PSi 的影响较为明显,该 3 个因子在不同水文年间的补灌率变化如图 8-5 所示。在其他因子不变的条件下,补灌率随着 PV 和 PSi 的增加而提高,随着 RID 的增加而减少,这种变化规律在不同水文年间是一致的。例如,当灌溉面积与排水面积相同(RID=1.0)时,补灌率随着 PV 和 PSi 的增加而提高。

参数 RID 和 PV 间存在对补灌率影响的交互作用。例如随着 PV 的增加,RID 降低补灌率的效应增强,且使补灌率逐渐稳定在较大值处;随着 RID 的减少,PV 增加补灌率的效应增强,并使补灌率逐渐稳定在较大值处。对于所有水文年,随着 PSi 的升高,较高补灌率的 PV 和 RID 取值组合区域增加,即 PV 越大且 RID 越小,取得高补灌率的概率越大。通过调整补灌率的不同影响参数,尤其是 RID 和 PV 的变化,能够使补灌率在遍及 0~100% 的范围内变化。相同 PSi 条件下，不同水文年间的 RID 和 PV 组合的补灌率略有差异。

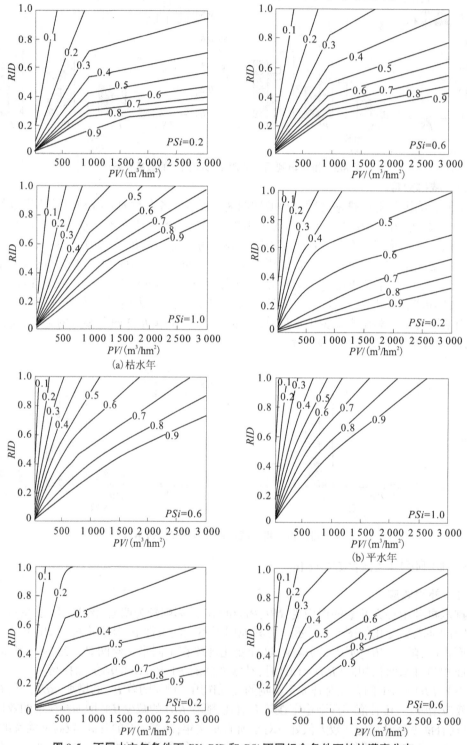

图 8-5　不同水文年条件下 PV、RID 和 PSi 不同组合条件下的补灌率分布

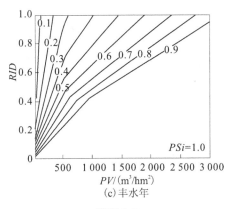

(c) 丰水年

续图 8-5

8.3.3.2　减排效应

排水再利用减少排水的作用受 PV、RID 和 PSi 的影响明显,各因子组合在不同水文年下的减排率变化如图 8-6 所示。在其他因子不变的条件下,PV 和 RID 增加可提高减排率,降低 PSi 可提高减排率,这种变化规律在不同水文年间一致。PV 和 RID 对减排率作用的交互影响比较明显,当 RID 较大时,增加 PV 可显著提高减排率到较大值,当 PV 较小时,改变 RID 对减排率的影响很小。例如,当灌溉面积与排水面积相同($RID=1.0$)时,减排率随着 PV 的增加而很快增大至 90%,随着 PSi 的增加而降低。

通过调整减排率的不同参数,尤其是 PV 和 RID 的变化,能够使减排率遍及 0~100% 的变化范围。较高减排率的区域大都位于 PV 和 RID 值较大的区域(图 8-6 右上部),且高减排率范围随着 PSi 的增加而减少,并在不同水文年间的大小顺序为丰水年>枯水年>平水年。以 $PSi=1.0$ 为例,丰水年、枯水年和平水年下减排率高于 90% 的区域分别为 500 m³/hm²<PV<3 000 m³/hm² 且 0.2<RID<1.0、800 m³/hm²<PV<3 000 m³/hm² 且 0.45<RID<1.0 及 1 250 m³/hm²<PV<3 000 m³/hm² 且 0.5<RID<1.0。

综合比较图 8-5 和图 8-6 可见,在合适的 PV 与 RID 组合条件下,可同时使补灌率与减排率达到较大值。

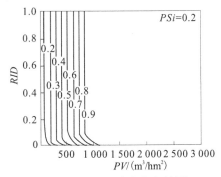
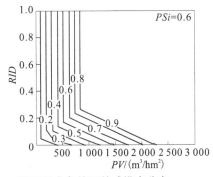

图 8-6　不同水文年条件下 PV、RID 和 PSi 不同组合条件下的减排率分布

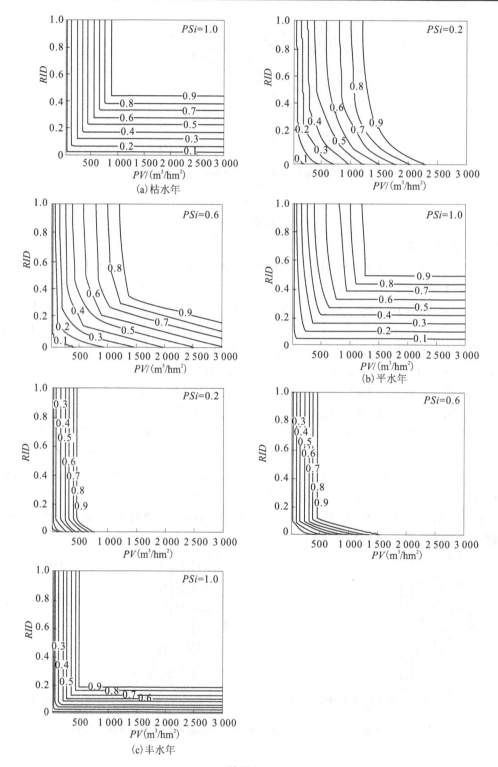

(a)枯水年

(b)平水年

(c)丰水年

续图8-6

8.4　排水再利用的稲田磷素时空变化与控污效应

8.4.1　排水再利用下稲田磷素迁移试验

塘堰作为南方水稻种植区的常规滞洪蓄涝工程,亦或兼作种藕或养鱼,可作为排水再利用的蓄水池。两类塘堰均承接来自降雨或灌溉排水,藕塘直接种植莲藕且不施肥,鱼塘内大都混养青鱼、草鱼或鲢鱼等,并不定期向塘内投放鱼食,致使后者塘水中氮、磷含量较高。水稻生长期的藕塘和鱼塘水中 TP 含量分别为 0.1~1.0 mg/L 和 0.2~1.5 mg/L,故本试验选取这两种塘水灌溉来考察排水再利用水源对农田尺度磷素动态变化的影响。试验过程中,每种水源各灌溉 3 个水稻种植重复小区,共 6 个 8 m×40 m 规格的小区随机布置到试验区块上。为了防止试验区内外及小区间发生水分交换,试验区四周设置宽 8 m 左右的保护区,在试验区内的小区间设置 10 cm 高的田埂并用塑料薄膜(薄膜埋深40 cm)包被。

试验区藕塘和鱼塘都位于水稻种植区下游,通过排水沟承接部分稻田排水,稻田需要灌溉时利用水泵把塘水经硬塑料管输送到田块进行排水再利用。各小区的进水口和排水口分别位于小区短边上。6 月 6 日翻耕泡田,基肥撒施后用铁耙混入约 5 cm 深表土中,其中施氮量 101.7 kg/hm^2、施磷量 48.0 kg/hm^2 和施钾量 45.7 kg/hm^2;次日移栽于 4 月 29 日育苗的品种为"两优 6326"的秧苗。6 月 19 日通过撒施的方式追施氯化钾和尿素肥料,折算追施氮量 23.2 kg/hm^2 和追施钾量 60 kg/hm^2。所有小区的施药、除草、灌水量与灌水时间、排水和晒田等田间管理措施均采用当地常规做法。

在水稻生育期内,田面水和渗漏水水样于灌水 2 d 后沿着小区长边分段取样用于分析化验不同形态磷的浓度。试验过程中共有 6 次灌水,其中全部取得田面水和渗漏水水样的仅有 4 次。田面水水样使用容积 500 mL 的塑料瓶沿试验小区长边 0(田块进水口)、10 m、20 m、30 m 与 40 m(田块排水处)处采集。渗漏水水样使用埋深 30 cm 的陶土头分别沿小区长边 10 m、20 m 和 30 m 处抽取。水稻收割后,距进水口 10 m、20 m 和 30 m 距离处分别沿土壤剖面 5 m、10 m、20 m、30 m 和 50 cm 埋深处取土样用于化验全磷(TP)和有效磷(Olsen-P)含量。每个水样均需测定总磷(TP)、可溶性磷(DP)和可溶性反应磷(DRP)的浓度。采用过硫酸钾消解-钼氨酸分光光度法测定水样的 TP 浓度;水样经0.45 μm 滤膜过滤后同样用过硫酸钾消解-钼氨酸分光光度法测定 DP 浓度;DRP 浓度由钼氨酸分光光度法直接测定滤膜过滤后的水样获得,无需过硫酸钾消解。土壤 TP 含量采用酸溶-钼锑抗比色法,用 0.5 mol/L 碳酸氢钠溶液浸提后采用该方法测定土壤 Olsen-P 含量。

试验区地处四湖流域西南,临近长湖,具体位于湖北省荆州市北 10 km。该区由一系列河间洼地组成,形成江汉平原腹地的地势低洼区,汛期洪涝灾害频繁,夏季适宜种植水稻作物。水稻等作物的频繁灌溉排水造成长湖总磷和总氮的含量超标,使长湖水质长期处于劣Ⅳ类及其以下水平。然而水稻作物的高需水量仍需通过取水灌溉的方式来保障其正常生长。因此,该区具有利用排水再利用来补充灌溉和减少稻田磷素向长湖排放的必要性与可行性。

试验区属于亚热带季风气候区,多年平均气温16.5 ℃,多年平均降水量1 120 mm,试验期间的年降雨量995 mm,其中水稻生长期(6~9月)的降雨量为412 mm。试验前耕作层(0~20 cm)土壤化学性状为:全磷0.66 g/kg,速效磷20.68 mg/kg,全氮0.97 g/kg,碱解氮139.85 mg/kg,全钾2.34 g/kg,速效钾151.89 mg/kg,有机质32.73 g/kg。

对试验监测数据,采用统计软件SPSS进行单因素方差分析(one-way ANOVA),并借助最小显著差异法(LSD)检验不同灌溉水源处理间的差异显著性,界定$P<0.01$为显著水平。

8.4.2 稻田磷素时空变化规律

8.4.2.1 田面水中不同形态磷素变化

藕塘水和鱼塘水灌溉下田面水DRP浓度随田面距离和时间的变化如图8-7所示。从图中可见,除了6月28日的鱼塘水灌溉处理外,田面水中DRP浓度随着距进水口距离的增加呈现减小的趋势。排水回灌到田块后浓度削减量随时间的变化较大,7月与8月的田面水DRP浓度明显低于6月的相应值,以8月5日田块末端(40 m处)为例,与藕塘水和鱼塘水的灌溉水源相比,DRP浓度削减率分别为67.1%和22.0%。除了8月鱼塘水灌溉的田面水浓度高于藕塘水外,田面水中DRP含量在两种灌溉水源间的差异不显著。这表明水稻田面系统对通过循环灌溉输入水源的DRP浓度变化具有一定的缓冲作用,循环灌溉水源中DRP浓度一定范围的变化不会改变再排水中DRP浓度。

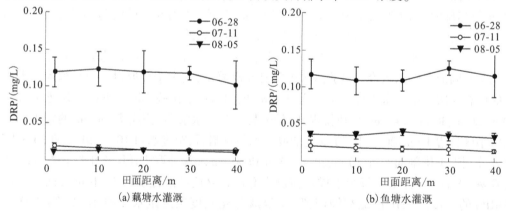

图8-7　藕塘水和鱼塘水灌溉下田面水DRP浓度沿田面距离的变化

由图8-8可见,除了6月28日的鱼塘水灌溉外,随着距进水口距离的增加田面水中DP浓度均有减小的趋势。排水被回灌到田块后田面水DP浓度随时间的变化较大,田面水DP浓度的大小为7月>6月>8月,且8月田面水中DP浓度均低于《地表水环境质量标准》(GB 3838—2002)Ⅲ类水中规定的可溶性磷浓度阈值0.2 mg/L(国家环境保护总局,2002)。以8月5日田块末端(40 m处)为例,与藕塘水和鱼塘水的灌溉水源相比,DP浓度削减率分别为85.9%和79.2%。田面水中DP浓度在两种灌溉水源处理间的差异不显著。这表明水稻田面系统对通过循环灌溉输入水源的DP浓度变化具有缓冲作用,循环灌溉水源中DP浓度的变化未改变再排水中DP浓度。

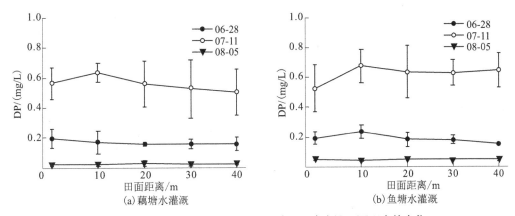

图 8-8　藕塘水和鱼塘水灌溉下田面水 DP 浓度沿田面距离的变化

由图 8-9 可见,除了 6 月 28 日的鱼塘水灌溉外,田面水中 TP 浓度沿田块距离呈减小的趋势。排水回灌到田块后 TP 浓度削减量随时间的变化较大,呈现出田面水 TP 浓度的大小为 7 月>6 月>8 月的规律,以 8 月 5 日田块末端(40 m 处)为例,与藕塘水和鱼塘水的灌溉水源相比,田面水 TP 浓度削减率分别为 57.4%和 64.2%。除 8 月鱼塘水灌溉的田面水 TP 浓度略高于藕塘水外,田面水中 TP 含量在两种灌溉水源处理间的差异不显著。这表明水稻田面系统对通过循环灌溉输入水源的 TP 浓度变化具有一定的缓冲作用,循环灌溉水源中 TP 浓度在一定范围内变化不会改变再排水中 TP 浓度。

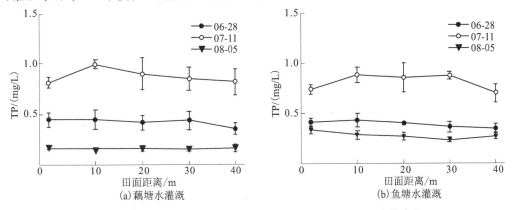

图 8-9　藕塘水和鱼塘水灌溉下田面水 TP 浓度沿田面距离的变化

8.4.2.2　渗漏水中不同形态磷素变化

藕塘水和鱼塘水灌溉下渗漏水 DRP 浓度随田面距离和时间的变化如图 8-10 所示。从图 8-10 中可见,渗漏水中 DRP 浓度在不同灌溉时期的差异比较明显,8 月渗漏水中 DRP 浓度明显低于 7 月的相应值。渗漏水中 DRP 浓度沿着田面距离递减,尤其 7 月浓度较高时的减少量更明显。与前述的相应田面水中 DRP 浓度相比,渗漏水中 DRP 浓度略高。除了 8 月 3 日鱼塘水灌溉的渗漏水中 DRP 浓度显著高于藕塘水灌溉的相应值外,渗漏水中 DRP 浓度在不同灌溉水源间的差异不显著。

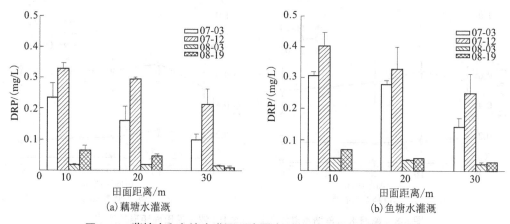

图 8-10　藕塘水和鱼塘水灌溉下渗漏水 DRP 浓度沿田面距离的变化

由图 8-11 可见,渗漏水中 DP 浓度在不同灌溉时期的差异比较明显,8 月渗漏水中 DP 浓度明显低于 7 月的相应值。渗漏水中 DP 浓度沿着田面距离降低,尤其 7 月浓度较高时的降低量更为明显。与前述的相应田面水中 DP 浓度相比,渗漏水中 DP 浓度略高,而 8 月的浓度也大都低于《地表水环境质量标准》(GB 3838—2002) Ⅲ 类水中规定的可溶性磷浓度阈值 0.2 mg/L(国家环境保护总局,2002)。除了 8 月 3 日鱼塘水灌溉下渗漏水中 DP 浓度显著高于藕塘水灌溉的相应值外,渗漏水中 DP 浓度在不同灌溉水源间的差异不显著。

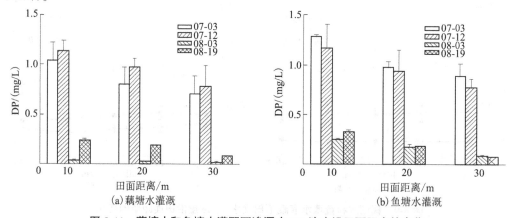

图 8-11　藕塘水和鱼塘水灌溉下渗漏水 DP 浓度沿田面距离的变化

由图 8-12 可见,渗漏水中 TP 浓度在不同灌溉时期的差异比较明显,8 月渗漏水中 TP 浓度明显低于 7 月的相应值。渗漏水中 TP 浓度沿着田面距离降低,在 7 月浓度较高时的降低量更明显。与前述的相应田面水中 TP 浓度相比,渗漏水中 TP 浓度大都略高。除了 8 月 3 日下鱼塘水灌溉的渗漏水中 TP 浓度显著高于藕塘水灌溉的相应值外,渗漏水中 TP 浓度在不同灌溉水源间的差异不显著。

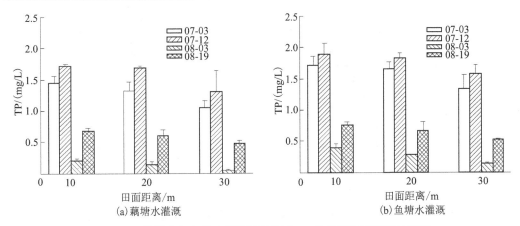

图 8-12　藕塘水和鱼塘水灌溉下渗漏水 TP 浓度沿田面距离的变化

8.4.2.3　土壤剖面不同形态磷素变化

水稻收割后,藕塘水和鱼塘水灌溉下土壤 Olsen-P 含量随田面距离和剖面深度的变化见图 8-13。由图可见,土壤 Olsen-P 含量随着剖面深度的增加逐渐减小,表现出表层土壤含量明显高于下层土壤的特点;由于受排水再利用的影响较小,下层土壤 Olsen-P 含量受不同灌溉水源的影响不明显。对于表层土壤,鱼塘水灌溉下的土壤 Olsen-P 含量高于藕塘水灌溉的相应值,且距离进水口 30 m 处表土 Olsen-P 含量低于 10 m 和 20 m 处的相应值。这表明,经由排水再利用引入田间磷的表土吸附量随距进水口距离的增加而减少,并随灌溉水源磷浓度的增加而增加。

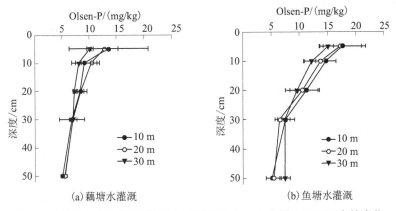

图 8-13　藕塘水和鱼塘水灌溉下土壤剖面 Olsen-P 含量沿田面距离的变化

水稻收割后,藕塘水和鱼塘水灌溉下土壤 TP 含量随田面距离和剖面深度的变化如图 8-14 所示。从图中可见,土壤 TP 含量随着剖面深度的增加逐渐减小,表现出表层土壤 TP 含量明显高于下层土壤的特点。土壤剖面 TP 含量不随灌溉水源和田面距离的变化而变化。这表明,通过排水再利用引入稻田的磷量不足以引起土壤总磷含量的变化。

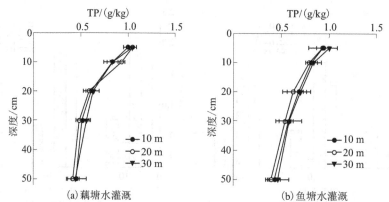

图 8-14　藕塘水和鱼塘水灌溉下土壤剖面 TP 含量沿田面距离和剖面深度的变化

8.4.3　排水再利用下稻田控污效应分析

提高稻田的磷素净化效率或控制磷流失污染(控污)是实行排水再利用的主要目的之一。把排水再利用到田块使水稻作物再次利用排水中的磷素成为可能,延长水力停留时间或循环灌溉次数均能提高颗粒态磷的沉淀作用和溶解性磷的土壤吸附作用,从而提高水田的磷素净化效率(Hama et al.,2010; Shiratani et al.,2010; Takeda et al.,1997)。然而这两种方式有时与水稻作物需水规律和田间管理不协调,可调控的空间有限。通过延长单个田块的长度或多个田块串联灌溉的方式,可延长再灌溉水与土壤和作物的作用时间和作用路径,更易实现。本书及相关研究(谢菲等,2013)均发现稻田田面水和渗漏水中不同形态磷素浓度沿程降低,均支撑了延长再灌溉水的流程,能改善稻田磷素净化效率。

之所以形成田面水磷浓度的沿程减小趋势弱于渗漏水磷浓度的减小程度,是由于本研究的田面水和渗漏水均于灌水后 2~4 d 取样。由于磷素在田面水中的扩散作用,排水再利用后田面水中磷素浓度的沿程差异量随着时间推移而逐渐减小;而渗漏水中磷素的扩散作用受土体阻隔使其沿程差异保持更长时间。渗漏水中的磷浓度高于田面水,可能与渗漏水中磷浓度一部分来自刚灌溉的田面水,另一部分来自土壤剖面磷的释放有关;渗漏水磷浓度的沿程差异主要是由刚灌水后田面水磷浓度的差异造成的。

灌溉时机是影响排水再利用下水田磷素净化效率的关键因子。田面水中磷素浓度较高的泡田期和施肥期不宜进行排水再利用,因为该时期较高的田面磷素浓度加上再灌溉水本身的磷素浓度极易造成大量农田磷素的再排水流失(Somura et al.,2009;颜晓等,2013;周静雯等,2016)。水稻生长后期随着所施肥料的消耗和作物磷需求高峰期的到来,使田面和土壤水中的磷浓度均达到较稳定的低水平,宜实行排水再利用,这与本研究发现的 8 月田面水和渗漏水中不同形态磷浓度较低一致,常规清水灌溉试验研究也得到类似的结果(彭世彰等,2013;叶玉适等,2015)。之所以形成 7 月较高的田面水与渗漏水中磷浓度,还与该时期的水稻晒田改善了土壤的通气条件与结构有关。7 月的晒田使土壤从还原状态向氧化状态转化,促进了土壤磷的释放,提高了土壤水溶液和田面水中的磷浓度;8 月的持续淹水还原状态促进了土壤的固磷作用,降低了磷素的释放能力和土壤水溶液中的磷含量(Prem et al.,2015;高超等,2002)。另外,水稻土由饱和向干燥转换过程中易于形成裂隙以充当磷素渗漏通道,也使大量的土壤磷沿着这种临时形成的优先流而淋失(Peron et al., 2009; Simard et al., 2000)。此外, DRP 为 DP 中易于被生物利用的部分, 6 月相对较低的温度及作物和水中微生物的较低生物量使其吸收利用的 DRP 量相对较少从而形成 6 月 DRP 浓度较高的现象(裴婷婷等, 2016; 汪明等, 2015)。因此, 在规划排水再利用制度或工程时, 应考虑利用适宜的沟塘蓄存 6~7 月的汛期排水, 8 月再利用蓄积的排水进行补充灌溉, 既能从时间尺度上调配水资源来满足作物生长需求, 又可减少农田磷素排放造成的农业面源污染。

田面水与渗漏水中的磷浓度未随再利用水源中磷浓度的增加而明显提高, 而鱼塘水灌溉的表土 Olsen-P 含量高于藕塘水灌溉的相应值, 这说明稻田土壤的磷吸附作用可抑制再排水中磷含量随灌溉水源磷浓度的增加而升高。再利用水源中的磷素在地表和土壤剖面的沉淀、吸附作用及作物的吸收利用是水田系统对再排水磷浓度变化的缓冲机制(Hama et al., 2010; Shiratani et al., 2004; Takeda et al., 1997), 当再利用水源的磷浓度超过某个阈值后才会造成再排水的磷浓度提高。这与常规灌溉下当磷肥施用量增加到一定程度时才会明显提高渗漏水中总磷浓度的结论一致(颜晓等, 2013)。

8.5　本章小结

考虑到现有 CN 方法预测地表排水量的精度不足, 基于递推关系概化前期产流条件, 进一步改进了 CN 方法, 采用改进 CN 方法构建了排水再利用驱动下的稻区水循环模型, 评价了排水再利用的补灌与减排效应及其影响因子, 分析了排水再利用下稻田磷素的时空变化与控污效应, 取得的主要结论如下:

(1)基于潜在初损和有效降雨影响系数形成日有效影响雨量的递推关系, 将前期产流条件概化成前期日降雨量与降雨初损的函数, 构建了改进 CN 方法。在不同排水区尺度下的模型应用结果表明, 改进 CN 方法能更准确地预测径流的变化, 与现有 CN 方法比, 改进 CN 方法提高 3 种区域尺度下 NSE 和 R^2 值达 8.3%~23.3%。因此, 改进 CN 方法能准确地预测地表排水量变化。

(2)采用 penman-monteith 公式和作物系数法并考虑稻田渗漏与降雨有效性下应用水量平衡估算水稻灌溉需水量, 用改进 CN 方法估算排水量, 以塘堰为对象构建了排水再利用的水平衡演算模型。补充灌溉率主要受灌排面积比 RID、塘堰容积率 PV 和初始蓄水率 PSi 的影响, 且三者平均贡献比例近似 4:3:1; 补灌率随着 PV 和 PSi 的增加而提高, 随着 RID 的增加而减小。减少排水率同样受 PV、RID 和 PSi 的影响, 且前两者的平均贡献比例分别为 70% 和 10%, PV 和 RID 增加可提高减排率, 降低 PSi 可提高减排率。通过适当地调整 PV 与 RID 组合可同时使补灌率与减排率取得较大值。

(3)排水再利用下水稻田面水和渗漏水中不同形态磷素浓度沿程降低, 尤其渗漏水的磷浓度减小趋势较为显著, 排水再利用水中磷浓度的一定范围变化不会增加田面水和渗漏水的磷浓度。田面水和渗漏水中不同形态磷浓度受灌溉时期的影响明显, 8 月田面水和渗漏水的磷浓度明显低于其他时段。表土 Olsen-P 含量随距进水口距离的增加而减少, 并随排水再利用水中磷含量的增加而增加, 土壤剖面 TP 含量受排水再利用的影响不明显。延长再利用水的田面流程或在 8 月的水稻需肥高峰期进行再利用, 可明显提高稻田的控污效应。

参 考 文 献

[1]Allen R G, Pereira L S, Raes D, et al. Crop evapotranspiration-Guidelines for computing crop water requirements-FAO Irrigation and drainage paper,1998(56). FAO, Rome.

[2]Arnold J G, Srinivasan R, Muttiah R S, et al. Large area hydrologic modeling and assessment - Part 1: Model development[J]. Journal of the American Water Resources Association,1998(34):73-89.

[3]Ayars J E, Soppe R W, Shouse P. Alfalfa production using saline drainage water[J]. Irrigation and Drainage,2011(60):123-135.

[4]Barnes J. Mixing waters: The reuse of agricultural drainage water in Egypt[J]. Geoforum,2014(57): 181-191.

[5]Bos M G, Kselik R A, Allen R G, et al. Water requirements for irrigation and the environment[J]. Springer Science & Business Media. 2008.

[6]Boughton W C. A review of the USDA SCS curve number method[J]. Australian Journal of Soil Research, 1989(27):511-523.

[7]Brocca L, Melone F, Moramarco T, et al.Assimilation of observed soil moisture data in storm rainfall-runoff modeling[J]. Journal of Hydrologic Engineering, 2009(14):153-165.

[8]Camnasio E, Becciu G. Evaluation of the Feasibility of Irrigation Storage in a Flood Detention Pond in an Agricultural Catchment in Northern Italy[J]. Water Resources Management, 2011(25):1489-1508.

[9]Chukalla A D, Haile A M, Schultz B. Optimum irrigation and pond operation to move away from exclusively rainfed agriculture: the Boru Dodota Spate Irrigation Scheme, Ethiopia[J]. Irrigation Science, 2013(31): 1091-1102.

[10]Commission J R C-E, 2008. Simlab 2.2 Reference Manual, Brussels: JRC.

[11]Döll P, Siebert S. Global modeling of irrigation water requirements[J]. Water Resources Research, 2002, 38(4):1-10.

[12]Doorenbos J. Guidelines for predicting crop water requirements[J]. FAO irrigation and drainage paper, 1997(24):15-29.

[13]Epps T H, Hitchcock D R, Jayakaran A D, et al. Curve Number derivation for watersheds draining two headwater streams in lower coastal plain South Carolina, USA[J]. JAWRA Journal of the American Water Resources Association,2013(49):1284-1295.

[14]Feng Y W, Yoshinaga I, Shiratani E, et al. Nutrient balance in a paddy field With a recycling irrigation system[J]. Water Science and Technology,2005(51):151-157.

[15]Guerra L C, Bhuiyan S I, Tuong T P, et al.Producing more rice with less water from irrigated systems [J]. International Rice Research Institute, Los Banos Laguna,1998.

[16]Gupta H V, Sorooshian S, Yapo P O. Status of automatic calibration for hydrologic models: Comparison with multilevel expert calibration[J]. Journal of Hydrologic Engineering,1999(4):135-143.

[17]Gyasi-Agyei Y. Pond water source for irrigation on steep slopes[J]. Journal of Irrigation and Drainage Engineering-Asce,2003(129):184-193.

[18]Haith D A, Andre B. Curve number approach for estimating runoff from turf[J]. Journal of Environmental Quality,2000(29):1548-1554.

［19］Haith D A, Shoemaker L L. Generalized watershed loading functions for stream flow nutrients［J］. water resources bulletin,1987(23):471-478.

［20］Hama T, Nakamura K, Kawashima S. Effectiveness of cyclic irrigation in reducing suspended solids load from a paddy-field district［J］. Agricultural Water Management,2010(97):483-489.

［21］Hart M R, Quin B F, Nguyen M L. Phosphorus runoff from agricultural land and direct fertilizer effects: A review［J］. Journal of Environmental Quality,2004(33):1954-1972.

［22］Huang M, Gallichand J, Dong C, et al. Use of soil moisture data and curve number method for estimating runoff in the Loess Plateau of China［J］. Hydrological Processes,2007(21):1471-1481.

［23］Jiao P, Yu Y, Xing Z, et al. Improvement and evaluation of SCS model based on a modified antecedent runoff condition, 2017 ASABE Annual International Meeting. ASABE, St. Joseph, Mich., pp.2017.1-9.

［24］Krysanova V, Müller-Wohlfeil D-I, Becker A. Development and test of a spatially distributed hydrological/ water quality model for mesoscale watersheds［J］. Ecological Modelling,1998(106):261-289.

［25］Kunimatsu T. Recycling of nutrients and purification function in paddy fields. Lake Biwa Research Institute［J］, Ciga, Japan,1983:23-35.

［26］Kuo S F, Ho S S, Liu C W. Estimation irrigation water requirements with derived crop coefficients for up-land and paddy crops in ChiaNan Irrigation Association, Taiwan［J］. Agricultural Water Management, 2006(82):433-451.

［27］Marquardt D W. An algorithm for least-squares estimation of nonlinear parameters［J］. Journal of the Society for Industrial & Applied Mathematics, 1963 (11):431-441.

［28］Miliani F, Ravazzani G, Mancini M. Adaptation of Precipitation Index for the Estimation of Antecedent Moisture Condition in Large Mountainous Basins［J］. Journal of Hydrologic Engineering, 2011(16): 218-227.

［29］Mishra S K, Jain M K, Suresh Babu P, et al. Comparison of AMC-dependent CN-conversion formulae ［J］. Water Resources Management, 2008(22):1409-1420.

［30］Mishra S K, Sahu R K, Eldho T I, et al. An improved Ia-S relation incorporating antecedent moisture in SCS-CN methodology［J］. Water Resources Management, 2006(20):643-660.

［31］Moriasi D N, Arnold J G, Van Liew M W, et al. Model evaluation guidelines for systematic quantification of accuracy in watershed simulations［J］. Transactions of the Asabe, 2007(50):885-900.

［32］Peron H, Hueckel T, Laloui L, et al. Fundamentals of desiccation cracking of fine-grained soils: experimental characterisation and mechanisms identification［J］. Canadian Geotechnical Journal, 2009(46): 1177-1201.

［33］Ponce V M, Hawkins R H. Runoff curve number: Has it reached maturity? ［J］. Journal of Hydrologic Engineering,1996.1:11-18.

［34］Prem M, Hansen H C B, Wenzel W, et al. High Spatial and Fast Changes of Iron Redox State and Phosphorus Solubility in a Seasonally Flooded Temperate Wetland Soil［J］. Wetlands, 2015(35):237-246.

［35］Sahu R K, Mishra S K, Eldho T I. An improved AMC-coupled runoff curve number model［J］. Hydrological Processes, 2010(24):2834-2839.

［36］Saltelli A, Tarantola S, Chan K P S. A quantitative model-independent method for global sensitivity analysis of model output［J］. Technometrics,1999(41):39-56.

［37］Sharma D P, Tyagi N K. On-farm management of saline drainage water in arid and semi-arid regions ［J］. Irrigation and Drainage, 2004(53):87-103.

［38］Shaw S B, Walter M T. Improving runoff risk estimates: Formulating runoff as a bivariate process using the scs curve number method[J]. Water Resources Research, 2009(45).

[39]Shiratani E, Munakata Y, Yoshinaga I, et al.Scenario analysis for reduction of pollutant load discharged from a watershed by recycling of treated water for irrigation[J]. Journal of Environmental Sciences, 2010 (22):878-884.

[40]Shiratani E, Yoshinaga I, Feng Y, et al.Scenario analysis for reduction of effluent load from an agricultural area by recycling the run-off water[J]. Water Science and Technology, 2004(49):55-62.

[41]Simard R R, Beauchemin S, Haygarth P M. Potential for preferential pathways of phosphorus transport [J]. Journal of Environmental Quality, 2000(29):97-105.

[42]Somura H, Takeda I, Mori Y. Influence of puddling procedures on the quality of rice paddy drainage water [J]. Agricultural Water Management, 2009(96):1052-1058.

[43]Takeda I, Fukushima A. Long-term changes in pollutant load outflows and purification function in a paddy field watershed using a circular irrigation system[J]. Water Research, 2006(40):569-578.

[44]Takeda I, Fukushima A, Tanaka R. Non-point pollutant reduction in a paddy-field watershed using a circular irrigation system[J]. Water Research, 1997(31):2685-2692.

[45]Tanji K K, Kielen N C, 2002. Agricultural drainage water management in arid and semi-arid areas, FAO Irrigation and Drainage Paper No.61, Rome.

[46]Tessema S M, Lyon S W, Setegn S G, et al. Effects of Different Retention Parameter Estimation Methods on the Prediction of Surface Runoff Using the SCS Curve Number Method[J]. Water Resources Management, 2014(28):3241-3254.

[47]USDA-ARS, 2004. Chapter 10 Estimation of direct runoff from storm rainfall, SCS National Engineering Handbook, Part 630: Hydrology: Washington, DC, pp. 10-16.

[48]Van Liew M W, Arnold J G, Garbrecht J D. Hydrologic simulation on agricultural watersheds: Choosing between two models[J]. Transactions of the American Society of Agricultural Engineers, 2003(46): 1539-1551.

[49]Williams J R, 1995. the EPIC model, in: Singh V P (Ed.), Computer models of watershed hydrology [J]. water resources publications.: highlands ranch, pp. 909-1000.

[50]Zulu G, Toyota M, Misawa Si. Characteristics of water reuse and its effects on paddy irrigation system water balance and the riceland ecosystem[J]. Agricultural Water Management, 1996(31):269-283.

[51]蔡学良,崔远来,董斌,等.基于 GIS 的南方水库灌区塘堰蓄水能力研究[J].中国农村水利水电, 2006(10):1-3.

[52]陈正维,刘兴年,朱波.基于 SCS-CN 模型的紫色土坡地径流预测[J].农业工程学报,2014.

[53]单真莹,董斌,李新建,等.水稻灌区非点源污染治理新方法初探[J].中国农村水利水电,2008: 62-65.

[54]董斌,茆智,李新建,等.灌溉-排水-湿地综合管理系统的引进和改造应用[J].中国农村水利水电, 2009(11):9-12.

[55]符素华,王红叶,王向亮,等.北京地区径流曲线数模型中的径流曲线数[J].地理研究,2013(32): 797-807.

[56]高超,张桃林,吴蔚东.氧化还原条件对土壤磷素固定与释放的影响[J].土壤学报,2002(39): 542-549.

[57]国家环境保护总局.地表水环境质量标准[S].北京:中国环境科学出版社,2002.

[58]韩松俊,王少丽,许迪,等.淮北平原农田暴雨径流过程的尺度效应[J].农业工程学报,2012(28): 32-37.

[59]胡顺军,郭谨,陈斌,等.新疆沙井子灌区农田排水再利用的可行性分析[J].干旱区研究,2004(21):220-224.

[60]黄志刚,王小立,肖烨,等.气候变化对松嫩平原水稻灌溉需水量的影响应用生态学报[J].2015(26):260-268.

[61]罗琳,张松,郭胜男,等.SCS模型在中尺度流域和径流试区的应用比较.灌溉排水学报[J].2014(33):394-398.

[62]毛战坡,尹澄清,单宝庆,等.水塘系统对农业流域水资源调控的定量化研究.水利学报[J].2003(12):76-83.

[63]裴婷婷,李如忠,高苏蒂,等.合肥城郊典型农田溪流水系统沉积物磷形态及释放风险分析[J].环境科学,2016(37):548-557.

[64]彭世彰,黄万勇,杨士红,等.田间渗漏强度对稻田磷素淋溶损失的影响[J].节水灌溉,2013(9):36-39.

[65]谭学志,邵东国,刘欢欢,等.节水灌溉控制排水条件下稻田水氮平衡试验与模拟[J].农业工程学报,2011(27):193-198.

[66]汪明,武晓飞,李大鹏,等.太湖梅梁湾不同形态磷周年变化规律及藻类响应研究[J].环境科学,2015(36):80-86.

[67]王敏,许彦刚,房海军,等.基于改进的SCS模型的城市径流预测系统研究[J].水电能源科学,2012(30):20-22.

[68]王庆仁,李继云.论合理施肥与土壤环境的可持续性发展[J].环境科学进展,1999(7):116-123.

[69]王少丽,许迪,杨建国,等.宁夏银北灌区排水沟水的化学特征及其灌溉效应[J].水利学报,2011(42):166-172.

[70]王卫光,彭世彰,孙风朝,等.气候变化长江中下游水稻灌溉需水量的时空变化特征[J].水科学进展,2012(23):656-664.

[71]夏立忠,李运东,马力,等.基于SCS模型的浅层紫色土柑桔园坡面径流的计算参数确定土壤[J].2010(42):1003-1008.

[72]谢菲,朱建强.鱼塘-稻田复合系统中稻田规格的确定[J].长江大学学报(自然科学版),2013(10):72-76.

[73]许迪,丁昆仑,蔡林根,等.黄河下游灌区农田排水再利用效应模拟评价[J].灌溉排水学报,2004(23):42-45.

[74]颜晓,王德建,张刚,等.长期施磷稻田土壤磷素累积及其潜在环境风险[J].中国生态农业学报,2013(21):393-400.

[75]叶玉适,梁新强,李亮,等.不同水肥管理对太湖流域稻田磷素径流和渗漏损失的影响[J].环境科学学报,2015(35):1125-1135.

[76]张慧敏,章明奎.稻田土壤磷流失潜力与磷累积的关系[J].生态与农村环境学报,2008(24):59-62.

[77]周静雯,苏保林,黄宁波,等.不同灌溉模式下水稻田径流污染试验研究[J].环境科学,2016(37):963-969.

[78]朱兆良.农田中氮肥的损失与对策[J].土壤与环境,2000(9):1-6.

第 9 章　水稻节水灌溉标准试验研究

　　水稻是高产作物,在河南省粮食总产量的构成中,水稻占有重要的地位。特别是在豫北地区,由于发展水稻,不仅提高了粮食产量,改善了人民生活,而且稻壳、稻草都有利用价值,经济效益较高,深受广大群众的欢迎。

　　水稻是喜水作物,耗水量较大,据观测水稻生长期正常生理需水 300~400 m³/亩。但由于常规灌溉模式及深层渗漏的影响,水稻生产实际耗水量达 850 m³/亩以上,水量浪费惊人。河南省水资源短缺,在全国范围内,是人均水资源量少于 500 m³ 的五个省(区)之一。水稻的高耗水与水资源的严重不足,严重影响了水稻生产的正常发展。因此,推广水稻节水措施,控制水稻灌溉用水,已成为关乎河南省水资源可否持续利用、经济社会可否持续发展的大问题。

9.1　试验区情况

　　试验区位于人民胜利渠东二灌区寺王节制闸东灌溉试验站东侧(35°13′N,113°49′E),地面高程73.0 m。区内有自流灌溉渠道一条,农用机井一眼,可保证灌溉试验用水需求。渠道上安装有浑水流量计,机井出口和试验地进口均安装有水表,可自动计量水量,可以满足定量灌水要求。2008 年以前,作物种植结构为小麦、水稻轮作,之后因地下水埋深较大(在 6 m 以上),稻田水分深层渗漏严重,逐渐改为小麦、玉米轮作。试验区内设有自动气象站一处,可对气温、相对湿度、风速、雨量、净辐射量等项目进行监测。

9.2　试验处理设计

　　水稻节水高效灌溉标准试验共设置 1~4 四个处理。其中处理 1 为常规灌溉,长期维持水层 1~5 cm。处理 2 至处理 4 分别为 70%控灌、60%控灌、50%控灌。控灌灌水指标以根层土壤 0~40 cm 范围内的含水占饱和含水率的一定百分比为准。四个处理,除控制土壤水分不同外,其他如品种、苗源、栽种日期、基本苗数、施肥、治虫等措施均相同。详见表 9-1。

表 9-1　试验处理

处理	返青期田间水层/cm	0~40 cm 土壤水分(占饱和含水率)/%					
		分蘖期		拔节期	抽穗期	乳熟期	黄熟收割期
		初期	中末期				
1	1~5	100	100	100	100	100	自然落干
2	1~5	100	70	70	70	70	自然落干
3	1~5	100	60	60	60	60	自然落干
4	1~5	100	50	50	50	50	自然落干

　　试验畦块按试验处理顺序布置,每个处理重复 3 次,相同处理的两个边区兼作中间小区的保护区。试验区尾端及一侧设有排水沟,始端及右侧设有生产路。如图 9-1 所示。

　　试验小区总面积为 24×39.8(m²),约 1.43 亩。

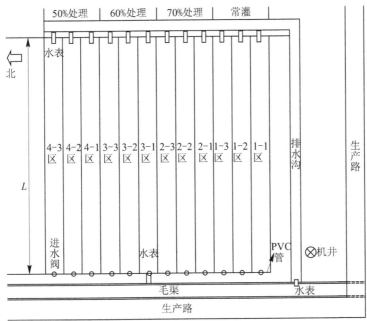

　　注:①1-1、1-2、1-3为常灌区;2-1、2-2、2-3为70%处理区;3-1、3-2、3-3为60%处理区;4-1、
　　　　4-2、4-3为50%处理区。
　　　　②每畦宽度为2 m(包括田埂0.3 m宽),长度L为39.8 m。
　　　　③机井出水口有水表,毛渠流向小区间也有水表,每小区进水有控制阀。

图 9-1　试验小区布置图

9.3　研究概况

　　根据实施方案中的计划安排,2011 年、2012 年对水稻节水控制灌溉进行了精心试验及观测研究,做了大量认真细致的工作。

9.3.1　试验区土壤物理性状的测定

　　经测定,试区土壤类型为轻壤土;计划湿润层 0~40 cm 范围内干容重为 1.52 t/m^3,持水率 25%,饱和含水率 31.6%。

9.3.2　灌区水稻生育阶段调查

9.3.2.1　水稻生育阶段的定义

　　返青期:植株插秧至 10% 的植株开始分蘖;

　　分蘖初期:10%~50% 的植株分蘖;

分蘖中期:50%～80%的植株分蘖;

分蘖末期:80%的植株分蘖,至 10%的植株拔节;

拔节期:10%的植株开始拔节,至 10%的植株开始抽穗;

抽穗期:10%的植株开始抽穗,至 10%的植株开始乳熟;

乳熟期(或称灌浆期):10%的植株开始乳熟,直至 10%的植株开始黄熟;

黄熟期:10%的植株开始黄熟至收割。

9.3.2.2　灌区水稻生育阶段的划分

根据以上定义,经调查,灌区水稻各生育阶段大致如下:

返青期:6 月 15 日至 6 月 25 日;

分蘖初期:6 月 26 日至 7 月 16 日;

分蘖中期:7 月 17 日至 7 月 27 日;

分蘖末期:7 月 28 日至 8 月 4 日;

拔节期:8 月 5 日至 8 月 18 日;

抽穗期:8 月 19 日至 9 月 5 日;

乳熟期(或称灌浆期):9 月 6 日至 9 月 25 日;

黄熟期:9 月 26 日至 10 月 26 日。

9.3.3　灌区水稻施肥习惯的调查

经调查,灌区水稻施肥习惯一般为:泡田插秧前,施复合肥 70 kg/亩,作为底肥;泡田时,施尿素 10.5 kg/亩,以促返青;6 月 26 日晒田以后,施复合肥 35 kg/亩,以促分蘖;此外,灌浆期一般再喷洒灌浆肥 2 次,每次 35 g/亩。

9.3.4　灌区水稻插秧密度的调查

经调查,灌区水稻插秧密度一般为:行距 30 cm,穴距 13 cm,每穴秧苗 5 株,基本苗数 85 512 株/亩。

9.3.5　试验区水稻插秧密度控制

根据灌区水稻生育阶段的划分及便于提高将来成果推广宣传的说服力,2011 年、2012 年两年试验,泡田插秧时间分别为 6 月 17 日和 6 月 15 日,插秧密度与灌区习惯相同:行距 30 cm,穴距 13 cm,每穴插秧苗 5 株,基本苗数为 85 512 株/亩。插秧时,采用纵横拉距的办法,严格控制基本苗数。

9.3.6　施肥管理

与灌区习惯取同,即 2011 年、2012 年均为:泡田插秧前,施复合肥 100 kg/亩,作为底肥;6 月 16 日(2012 年为 6 月 14 日)泡田时,撒尿素 15 kg/亩;6 月 26 日晒田以后,施复合肥 50 kg/亩;此外,在灌浆期喷洒灌浆肥 2 次,每次 50 g/亩,共 100 g/亩。

9.3.7 病虫害防治

全生育期,根据水稻具体情况加以防治。2011 年、2012 年分别打药 9 次和 7 次。其中分蘖期各 2 次,拔节期各 1 次。2011 年,后期由于降雨过多,抽穗期、乳熟期、黄熟期各打药 2 次;2012 年,抽穗期、乳熟期、黄熟期分别打药 2 次、1 次和 1 次。

9.3.8 土壤水分观测

为便于水稻全生育期及各生育阶段耗水量的计算,以及灌水时机的把握,试验区土壤水分观测安排如下:

(1)不论何种处理,泡田插秧前及收割日各测一次。2011 年、2012 年试验区水稻收割日期分别为 10 月 26 日、10 月 15 日。

(2)控灌期间,即水稻返青及分蘖初期以后,控灌处理每 3 天观测 1 次,接近灌水下限时,每天观测 1 次,达到灌水下限时灌水。

9.3.9 水量观测

利用井灌时,在机井出口安装有水表,利用渠灌时,在渠道进口安设有浑水流量计,每个小区入口、出口均安设有水表,可以观测进入和排出小区的水量。

9.3.10 茎蘖数、植株高及茎秆粗观测

在水稻返青后,对各小区分别选 10 穴,约每 5 天观测一次茎蘖数和植株高度,茎蘖的观测持续到分蘖末期,高度观测持续到抽穗结束;在收割前对水稻茎秆粗进行测量。

9.3.11 根系发育状况观测

水稻收割后,每个处理取一穴,对每株平均根量、黑根数、根长进行观测。

9.3.12 水稻考种观测

水稻收割前,每个小区随机各取 15 穴对有效穗数、穗粒数、饱实率、千粒质量等进行测算。产量测算,各处理均采取人工收割,单打单收、称重。

9.4 试验资料

2011 年、2012 年两年水稻节水试验,分别从 6 月 15 日耕地平整开始至 10 月 26 日、10 月 15 日收获结束,取得了大量的有关水稻灌水、生长发育、考种等试验资料。

9.4.1 水稻灌水观测资料

水稻插秧以后至分蘖初期,四个处理均按常规灌水方式灌溉,之后随着秧苗长势稳定以后,开始按试验计划进行灌水。2011 年、2012 年各处理水稻全生育期灌水记录分别见

表 9-2、表 9-3。

表 9-2　2011 年水稻试验灌水记录　　　　　　　　　　　　　单位:m³

时间		常灌			控灌 70%			控灌 60%			控灌 50%		
月	日	1-1	1-2	1-3	2-1	2-2	2-3	3-1	3-2	3-3	4-1	4-2	4-3
6	17	5	5	5	5	5	5	5	5	5	5	5	5
	18	4.1	4.1	4.1	4.1	4.1	4.1	4.1	4.1	4.1	4.1	4.1	4.1
	19	4.1	4.1	4.1	4.1	4.1	4.1	4.1	4.1	4.1	4.1	4.1	4.1
	20	3.4	3.4	3.4	3.4	3.4	3.4	3.4	3.4	3.4	3.4	3.4	3.4
	21	3.4	3.4	3.4	3.4	3.4	3.4	3.4	3.4	3.4	3.4	3.4	3.4
	26	4.9	4.9	4.9	4.9	4.9	4.9	4.9	4.9	4.9	4.9	4.9	4.9
	27	4.6	4.6	4.6	4.6	4.6	4.6	4.6	4.6	4.6	4.6	4.6	4.6
	28	2.2	2.2	2.2	2.2	2.2	2.2	2.2	2.2	2.2	2.2	2.2	2.2
	29	2.9	2.9	2.9	2.9	2.9	2.9	2.9	2.9	2.9	2.9	2.9	2.9
	30	3.2	3.2	3.2	3.2	3.2	3.2	3.2	3.2	3.2	3.2	3.2	3.2
7	1	3.9	3.9	3.9	3.9	3.9	3.9	3.9	3.9	3.9	3.9	3.9	3.9
	2	3.6	3.6	3.6	3.6	3.6	3.6	3.6	3.6	3.6	3.6	3.6	3.6
	4	2.8	2.8	2.8	2.8	2.8	2.8	2.8	2.8	2.8	2.8	2.8	2.8
	5	3.2	3.2	3.2	3.2	3.2	3.2	3.2	3.2	3.2	3.2	3.2	3.2
	7	4.6	4.6	4.6	4.6	4.6	4.6	4.6	4.6	4.6	4.6	4.6	4.6
	9	3.3	3.3	3.3	3.3	3.3	3.3	3.3	3.3	3.3	3.3	3.3	3.3
	10	3.3	3.3	3.3	3.3	3.3	3.3	3.3	3.3	3.3	3.3	3.3	3.3
	11	2.7	2.7	2.7	2.7	2.7	2.7	2.7	2.7	2.7	2.7	2.7	2.7
	13	4	4	4									
	17	4	4	4	4.5	4.5	4.5	4.5	4.5	4.5			
	20	4.5	4.5	4.5							6.1	6.1	6.1
	23	4.6	4.6	4.6									

续表9-2

时间		常灌			控灌 70%			控灌 60%			控灌 50%		
月	日	1-1	1-2	1-3	2-1	2-2	2-3	3-1	3-2	3-3	4-1	4-2	4-3
7	24				4.6	4.6	4.6						
	26	4	4	4									
	28	4	4	4				5.6	5.6	5.6			
	29				4.6	4.6	4.6						
	31	4	4	4							6.8	6.5	7.1
8	11	6.5	5.8	6.8									
	12	4.3	4.5	3	7.2	5.6	5.2	7.1	5.4	5.9			
	16	4	4	4									
	19	4	4	4	4.8	5.2	5.2	5.4	6.1	5.6	6.7	6.5	7.1
	23	4	4	4									
	25	4	4	4		4.2	4.9						
	26				4.9								
	28	4	4	4									
	31	4	4	4	5.7	5.8	5.6	6.3	5.5	5.2			
9	5	4	4	4							7.5	7.6	7.4
	9	4	4	4									
	23	4	4	4									
	25				4.7	4.7	4.6						
	27	4	4	4									
10	2	4	4	4									
	4				4.7	4.7	4.7						
	5	4	4	4				5.9	5.9	5.9			
总计灌水量		153	153	152	111	109	114	100	98.2	97.9	92.3	91.9	92.9
灌水次数		39			27			24			21		

表 9-3 2012 年水稻试验灌水记录　　　　　　　　　　单位:m³

时间		常灌			控灌 70%			控灌 60%			控灌 50%		
月	日	1-1	1-2	1-3	2-1	2-2	2-3	3-1	3-2	3-3	4-1	4-2	4-3
6	17	3.7	3.7	3.7	3.7	3.7	3.7	3.7	3.7	3.7	3.7	3.7	3.7
	18	3.4	3.4	3.4	3.4	3.4	3.4	3.4	3.4	3.4	3.4	3.4	3.4
	19	3.6	3.6	3.6	3.6	3.6	3.6	3.6	3.6	3.6	3.6	3.6	3.6
	20	4.1	4.1	4.1	4.1	4.1	4.1	4.1	4.1	4.1	4.1	4.1	4.1
	21	2.4	2.4	2.4	2.4	2.4	2.4	2.4	2.4	2.4	2.4	2.4	2.4
	26	3.1	3.1	3.1	3.1	3.1	3.1	3.1	3.1	3.1	3.1	3.1	3.1
	27	3.4	3.4	3.4	3.4	3.4	3.4	3.4	3.4	3.4	3.4	3.4	3.4
	28	3.8	3.8	3.8	3.8	3.8	3.8	3.8	3.8	3.8	3.8	3.8	3.8
	29	3.4	3.4	3.4	3.4	3.4	3.4	3.4	3.4	3.4	3.4	3.4	3.4
	30	4.0	4.0	4.0									
7	1	4.0	4.0	4.0									
	2	4.0	4.0	4.0									
	3	4.0	4.0	4.0									
	4	4.5	4.0	4.0									
	5	3.5	3.0	3.0									
	6	5.5	5.5	4.8									
	7	4.9	4.0	4.0									
	9	4.0	3.4	3.0									
	11	4.5	4.0	4.0									
	12	4.5	4.0	4.0									
	13	4.5	4.0	4.0									
	14	4.5	4.0	4.0									
	15	4.5	4.0	4.0									
	16	4.5	4.0	4.0									
	17	4.5	4.0	4.0									
	18	4.5	4.0	4.0	5.3	5.3	5.3						
	19	4.5	4.0	4.0				6.3	6.3	6.3			
	20	4.5	4.0	4.0									
	21	4.5	4.0	4.0									
	22	4.5	4.0	4.0									
	23	4.5	4.0	4.0									
	24	4.5	4.0	4.0									
	26	4.5	4.0	4.0	4.9	4.9	4.9				7.2	7.2	7.2
	27							5.7	5.7	5.7			
	28	4.5	4.0	4.0									
	30	4.5	4.0	4.0									

续表9-3

时间		常灌			控灌 70%			控灌 60%			控灌 50%		
月	日	1-1	1-2	1-3	2-1	2-2	2-3	3-1	3-2	3-3	4-1	4-2	4-3
8	2	4.5	4.0	4.0									
	4	4.5	4.0	4.0									
	8				5.7	5.7	5.71						
	12							6.5	6.5	6.5			
	13	4.5	4.0	4.0	5.4	5.4	5.4						
	14									8.4	8.4	8.4	
	15	4.5	4.0	4.0									
	17	4.5	4.0	4.0									
	19	4.5	4.0	4.0									
	22	4.5	4.0	4.0									
	24	4.5	4.0	4.0	4.8	4.8	4.8						
	26	4.5	4.0	4.0				6.0	6.0	6.0			
	28	4.5	4.0	4.0									
	30	4.5	4.0	4.0	4.5	4.5	4.5						
9	3	4.5	4.0	40									
	4				4.5	4.5	4.5						
	5	4.5	4.0	4.0									
	7	4.5	4.0	4.0									
	8				4.4	4.4	4.4				8.0	8.0	8.0
	9	4.5	4.0	4.0									
	13	4.5	4.0	4.0									
	15	4.5	4.0	4.0									
	17	4.5	4.0	4.0									
	19				4.7	4.7	4.7						
	20							5.7	5.7	5.7			
	23	4.5	4.0	4.0									
	25	4.5	4.0	4.0	4.3	4.3	4.3						
	27	4.5	4.0	4.0									
	29	4.5	4.0	4.0							7.5	7.5	7.5
10	1	4.5	4.0	4.0									
	2				4.4	4.4	4.4						
	3	4.5	4.0	4.0									
	5							6.2	6.2	6.2			
总计灌水量		254	231	230	84	84	84	67	67	67	62	62	62
灌水次数			64			24			19			17	

9.4.2 水稻生长发育观测资料

2011年、2012年，均从6月26日开始观测。水稻生长发育观测资料分为茎蘖数、株高、茎秆粗及根茎等观测，观测记录分别见表9-4~表9-11。

表9-4 2011年分蘖数观测记录　　　　　　　单位：个

日期（月-日）	处理	采样点										平均
		1	2	3	4	5	6	7	8	9	10	
06-26	常灌	5	5	4	6	4	7	4	5	4	4	4.8
	70%控灌	5	5	6	7	4	3	5	5	4	4	4.8
	60%控灌	5	6	5	5	4	4	4	5	4	4	4.6
	50%控灌	4	5	5	6	4	5	4	4	4	3	4.4
06-30	常灌	7	8	7	10	6	7	5	8	9	9	7.6
	70%控灌	7	8	10	11	6	6	10	11	9	8	8.6
	60%控灌	8	9	7	10	9	8	9	10	9	8	8.7
	50%控灌	8	10	8	9	7	8	8	9	8	7	8.2
07-04	常灌	13	13	12	17	10	12	8	12	11	11	11.9
	70%控灌	13	13	15	18	11	8	16	16	15	13	13.8
	60%控灌	14	15	13	15	12	12	13	15	12	12	13.3
	50%控灌	14	15	13	14	13	15	14	15	12	10	13.4
07-09	常灌	15	16	14	20	15	17	10	16	15	15	15.3
	70%控灌	16	16	17	22	15	11	20	20	18	15	17
	60%控灌	17	17	15	18	16	14	14	17	15	15	15.8
	50%控灌	17	17	16	16	16	18	16	18	15	12	16.1
07-14	常灌	18	18	17	25	17	20	12	20	18	18	18.3
	70%控灌	18	18	20	25	17	14	23	23	21	17	19.6
	60%控灌	20	21	19	20	18	17	18	20	17	18	18.8
	50%控灌	20	20	18	18	19	21	18	20	17	15	18.6
07-19	常灌	23	25	20	28	20	28	12	20	18	18	21.2
	70%控灌	18	28	28	28	21	15	26	26	21	18	22.9
	60%控灌	20	24	20	19	18	17	19	20	21	18	19.6
	50%控灌	20	20	19	19	20	23	20	20	17	17	19.5
07-25	常灌	25	25	23	25	20	19	10	22	17	18	20.4
	70%控灌	19	26	19	27	23	15	25	28	15	19	21.6
	60%控灌	24	23	23	18	17	15	20	18	26	16	20
	50%控灌	19	20	19	17	20	22	19	19	17	16	18.8
08-01	常灌	25	24	23	25	20	19	10	20	17	18	20.1
	70%控灌	19	26	29	27	23	15	25	25	23	19	23.1
	60%控灌	22	23	23	17	17	16	20	18	25	17	19.8
	50%控灌	18	18	19	17	20	22	17	18	16	16	18.1

表 9-5　2012 年分蘖数观测记录　　　　　　单位:个

日期(月-日)	处理	采样点										平均
		1	2	3	4	5	6	7	8	9	10	
06-26	常灌	5	4	5	4	5	4	4	5	4	5	4.5
	70%控灌	5	4	4	4	5	4	4	4	5	4	4.3
	60%控灌	5	4	5	4	4	4	5	4	5	5	4.5
	50%控灌	5	4	5	5	4	4	5	5	4	4	4.5
06-30	常灌	7	5	6	5	6	6	5	6	5	6	5.7
	70%控灌	6	5	7	5	6	5	6	5	6	5	5.6
	60%控灌	6	6	6	5	7	5	6	5	6	6	5.8
	50%控灌	6	7	6	6	5	5	6	6	6	5	5.8
07-04	常灌	10	8	8	8	9	9	8	9	7	9	8.5
	70%控灌	9	8	9	8	8	8	9	8	9	7	8.4
	60%控灌	8	8	9	8	10	8	8	8	8	7	8.2
	50%控灌	9	9	8	9	8	8	8	9	7	7	8.2
07-09	常灌	12	12	12	12	13	11	12	13	11	12	12
	70%控灌	11	11	11	12	12	12	11	12	12	11	11.5
	60%控灌	10	12	11	10	11	11	10	12	10	10	10.7
	50%控灌	10	9	11	9	9	10	11	9	10	9	9.7
07-14	常灌	14	13	13	12	11	14	13	13	9	13	12.5
	70%控灌	11	10	12	13	11	13	12	12	10	11	11.5
	60%控灌	10	12	11	10	11	11	10	13	11	11	11
	50%控灌	10	10	11	10	9	10	11	9	10	10	10
07-19	常灌	17	16	16	15	14	17	16	16	12	16	15.5
	70%控灌	14	13	15	16	14	16	15	15	13	14	14.5
	60%控灌	13	12	11	12	13	12	10	12	11	10	11.6
	50%控灌	10	10	11	12	9	8	12	12	13	12	10.9
07-25	常灌	20	19	19	17	16	20	19	19	14	19	18.2
	70%控灌	17	16	18	19	17	19	18	18	16	17	17.5
	60%控灌	16	15	14	15	16	14	13	15	14	13	14.5
	50%控灌	13	13	14	14	12	11	15	15	16	15	13.8
08-01	常灌	21	20	21	18	17	21	19	20	15	20	19.2
	70%控灌	18	17	19	21	18	20	19	19	16	19	18.6
	60%控灌	18	16	15	16	18	16	15	16	15	14	15.9
	50%控灌	14	14	15	15	14	12	17	16	17	15	14.9

表 9-6　2011 年株高记录　　　　　　　　单位：cm

日期（月-日）	处理	采样点					平均
		1	2	3	4	5	
06-26	常灌	22	22	24	24	23	23
	70%控灌	24	23	22	25	23	23.4
	60%控灌	23	22	25	21	21	22.4
	50%控灌	22	23	21	21	25	22.2
06-30	常灌	25	24	26	27	28	26
	70%控灌	25	25	27	29	25	26.2
	60%控灌	28	26	25	24	27	26
	50%控灌	26	27	24	23	28	25.6
07-04	常灌	29	28	30	30	33	30
	70%控灌	33	33	29	29	29	30.6
	60%控灌	29	29	32	31	30	30.2
	50%控灌	29	29	30	26	32	29.2
07-09	常灌	35	35	35	36	34	35
	70%控灌	33	36	36	35	36	35.2
	60%控灌	36	36	34	35	35	35.2
	50%控灌	35	35	33	31	36	34
07-14	常灌	41	39	39	42	40	40.2
	70%控灌	40	40	42	41	41	40.8
	60%控灌	39	39	42	40	41	40.2
	50%控灌	38	39	35	34	42	37.6
07-19	常灌	44	47	46	45	46	45.6
	70%控灌	45	47	47	45	45	45.6
	60%控灌	44	43	46	45	45	44.6
	50%控灌	42	41	39	38	45	41
07-25	常灌	53	50	51	51	48	50.6
	70%控灌	50	52	49	52	49	50.4
	60%控灌	49	50	52	50	51	50.4
	50%控灌	48	47	45	45	50	47

续表 9-6

| 日期
（月-日） | 处理 | 采样点 | | | | | 平均 |
		1	2	3	4	5	
08-01	常灌	63	60	62	61	60	61.2
	70%控灌	61	61	61	60	61	60.8
	60%控灌	59	59	63	60	61	60.4
	50%控灌	56	55	51	51	59	54.4
08-04	常灌	61	64	63	65	66	63.8
	70%控灌	65	66	63	63	61	63.6
	60%控灌	63	63	66	64	61	63.4
	50%控灌	61	60	57	56	65	59.8
08-10	常灌	71	71	73	69	72	71.2
	70%控灌	70	71	71	72	70	70.8
	60%控灌	71	71	70	69	73	70.8
	50%控灌	68	68	63	63	70	66.4
08-17	常灌	77	77	74	77	79	76.8
	70%控灌	78	77	77	77	72	76.2
	60%控灌	73	77	76	76	78	76
	50%控灌	72	75	70	71	76	72.8
08-25	常灌	82	83	85	86	81	83.4
	70%控灌	81	82	81	86	85	83
	60%控灌	85	81	83	83	84	83.2
	50%控灌	76	79	75	76	82	77.6
08-28	常灌	93	90	89	91	91	90.8
	70%控灌	91	93	89	88	92	90.6
	60%控灌	89	89	93	91	89	90.2
	50%控灌	81	85	79	82	88	83
09-01	常灌	97	96	95	96	96	96
	70%控灌	96	97	95	94	96	95.6
	60%控灌	93	97	95	95	96	95.2
	50%控灌	86	90	86	86	92	88

表 9-7　2012 年株高记录　　　　　　　　　　　　单位：cm

日期（月-日）	处理	采样点										平均
		1	2	3	4	5	6	7	8	9	10	
06-26	常灌	34	28	27	29	30	31	29	30	30	27	29.5
	70%控灌	30	31	31	29	30	29	29	33	30	31	30.3
	60%控灌	29	32	32	29	28	30	27	28	26	28	28.9
	50%控灌	29	31	31	30	28	28	29	29	31	30	29.6
06-30	常灌	38	32	32	33	33	35	34	34	33	30	33.4
	70%控灌	33	34	34	32	33	35	32	38	33	35	33.9
	60%控灌	33	35	35	32	31	33	30	31	30	31	32.1
	50%控灌	32	34	33	33	31	31	32	32	34	33	32.5
07-04	常灌	45	42	40	40	39	40	39	40	38	35	39.8
	70%控灌	39	40	42	37	40	41	38	44	40	41	40.2
	60%控灌	39	40	40	37	36	40	33	36	37	36	37.4
	50%控灌	37	40	41	38	35	35	37	37	40	37	37.7
07-09	常灌	54	52	48	50	47	49	46	47	46	45	48.4
	70%控灌	47	48	47	47	48	47	46	50	48	46	47.4
	60%控灌	42	45	42	42	46	42	43	43	44	45	43.4
	50%控灌	45	47	45	42	42	38	42	45	47	40	43.3
07-14	常灌	66	62	60	58	59	56	58	56	59	53	58.7
	70%控灌	56	49	54	53	50	53	56	58	57	58	54.4
	60%控灌	52	51	54	50	52	49	52	52	49	50	51.1
	50%控灌	48	52	51	52	48	49	50	51	48	45	49.4
07-19	常灌	67	63	67	62	67	65	65	65	65	64	65
	70%控灌	65	57	62	56	54	54	62	66	60	64	60
	60%控灌	52	54	59	56	60	59	58	58	59	54	56.9
	50%控灌	50	56	57	57	51	51	54	55	52	55	53.8

续表 9-7

日期 （月-日）	处理	采样点										平均
		1	2	3	4	5	6	7	8	9	10	
07-25	常灌	70	68	67	64	67	68	65	65	69	68	67.1
	70%控灌	66	61	66	63	58	59	62	66	65	67	63.3
	60%控灌	60	64	64	62	60	61	63	58	59	58	60.9
	50%控灌	54	58	59	58	55	53	57	60	57	55	56.6
08-01	常灌	73	71	68	70	70	68	70	70	70	69	69.9
	70%控灌	70	70	71	73	69	68	69	72	70	71	70.3
	60%控灌	67	70	68	67	68	65	68	66	65	66	67
	50%控灌	59	59	60	60	59	56	58	61	60	58	59
08-04	常灌	76	76	75	77	76	76	75	80	76	78	76.5
	70%控灌	76	73	76	76	80	72	76	80	73	73	75.5
	60%控灌	68	70	72	74	73	72	72	71	70	70	71.2
	50%控灌	64	65	67	67	64	65	66	64	63	61	64.6
08-10	常灌	81	81	81	85	82	82	81	83	80	82	81.8
	70%控灌	78	76	78	82	86	78	78	82	77	78	79.3
	60%控灌	71	75	75	80	78	77	77	75	75	75	75.8
	50%控灌	69	72	76	74	70	70	70	72	70	69	71.2
08-17	常灌	86	87	87	92	85	85	87	90	90	89	87.8
	70%控灌	80	80	83	84	88	80	81	83	80	82	82.1
	60%控灌	77	80	80	80	81	80	80	77	77	78	79
	50%控灌	75	80	80	80	75	74	73	77	75	75	76.4
08-25	常灌	90	90	92	95	90	88	92	92	95	93	91.7
	70%控灌	83	83	86	85	88	85	83	87	83	87	85
	60%控灌	83	83	84	83	81	80	83	81	79	79	81.6
	50%控灌	77	85	84	85	80	80	80	80	80	79	81

续表 9-7

日期 （月-日）	处理	采样点										平均
		1	2	3	4	5	6	7	8	9	10	
08-28	常灌	96	96	95	98	94	92	97	98	99	98	96.3
	70%控灌	88	88	88	87	90	88	88	90	85	90	88.2
	60%控灌	88	88	88	89	86	82	86	84	85	85	86.1
	50%控灌	85	89	87	87	82	82	81	83	83	83	84.2
09-01	常灌	100	101	99	103	99	97	100	102	104	103	100.8
	70%控灌	90	88	89	88	93	90	91	92	90	95	90.6
	60%控灌	89	88	90	92	89	84	90	88	86	86	88.2
	50%控灌	88	90	92	89	86	82	85	86	86	83	86.7

表 9-8　2011 年水稻各处理茎秆粗观测记录　　　　单位：mm

观测时间 （年-月-日）	处理	采样点（每穴平均值）										平均
		1	2	3	4	5	6	7	8	9	10	
2011-10-26	常灌	4.9	4	5	4.3	4.5	3.9	4.4	4.6	4.2	4.1	4.39
	70%控灌	5.1	4.8	4.3	4.7	5	4.9	3.9	4.7	4.8	4.2	4.64
	60%控灌	3.8	4.6	4.5	4	4.8	4.8	3.9	4.6	4.9	5	4.49
	50%控灌	3.7	4.5	4.5	4.3	3.9	4.6	4.2	4.1	5	3.8	4.26

注：表中数据为稻秆高 10 cm 处的茎秆粗。

表 9-9　2012 年水稻各处理茎秆粗观测记录　　　　单位：mm

观测时间 （年-月-日）	处理	采样点（每穴平均值）										平均
		1	2	3	4	5	6	7	8	9	10	
2012-10-15	常灌	4	5	4	5	3	3	4	4	3	3	3.80
	70%控灌	4	6	3	4	6	5	5	3	7	4	4.77
	60%控灌	5	3	4	4	4	6	7	6	2	6	4.76
	50%控灌	5	4	2	4	5	5	4	4	5	4	4.25

注：表中数据为稻秆高 10 cm 处的茎秆粗。

表 9-10　2011 年水稻收割后根长及数量统计

处理	项目	1	2	3	4	5	6	7	8	9	10	11	12	13	14	15	16	17	18	总和	平均
常灌	每穴单株根数/个	37	38	31	26	30	12	38	30	16	14	28	22	19	23	35	40	48	38	525	29
	黑根数/个	1	1			1	1	2			1	1	2			1	1	3		15	
	平均根长/cm																				31
70%控灌	每穴单株根数/个	25	13	20	41	15	12	31	15	18	23	35	38	30	42	39				397	26
	黑根数/个	2			2			1		1			1	1	3					11	
	平均根长/cm																				28
60%控灌	每穴单株根数/个	22	12	20	33	35	13	28	35	40	13	19	14	40	20	38	22	35		439	25
	黑根数/个				2	1	1					2			1			1		8	
	平均根长/cm																				26
50%控灌	每穴单株根数/个	22	20	33	13	18	27	38	30	24	23	12	14	26	19	40	25			384	24
	黑根数/个			1		1		1			1	1				1		1			
	平均根长/cm																		5		25

表 9-11　2012 年水稻收割后根长及数量统计

处理	项目	1	2	3	4	5	6	7	8	9	10	11	12	13	14	15	总和	平均
常灌	每穴单株根数/个	39	40	33	28	14	32	40	19	30	28	25	22	40	38	44	472	32
	黑根数/个	2	2	1	1		1	1						1	1	2	12	
	平均根长/cm																	34
70%控灌	每穴单株根数/个	14	28	43	23	16	24	33	27	19	25	37	40	32	45		406	29
	黑根数/个	1	1	2						1			2				6	
	平均根长/cm																	31
60%控灌	每穴单株根数/个	29	34	23	14	35	42	11	22	15	41	39	22	26	27		391	28
	黑根数/个			2	1		1		1								5	
	平均根长/cm																	29
50%控灌	每穴单株根数/个	42	26	17	15	23	31	36	25	19	12	35	19	22			322	25
	黑根数/个					1				1				1			3	
	平均根长/cm																	28

9.4.3　水稻考种资料

水稻考种观测资料分为有效穗数、穗粒数、千粒质量及产量等。观测资料分别见表 9-12 ~ 表 9-18。

表 9-12　2011 年水稻有效穗数观测记录　　　　　　　单位:穗

处理		样本值					平均	处理平均
常灌	1-1	14	10	18	12	21	14.8	14.29
		17	19	3	19	21		
		10	9	21	6	22		
	1-2	26	22	9	19	11	16.27	
		19	17	21	13	14		
		3	15	15	25	15		
	1-3	9	10	10	12	4	11.8	
		22	5	18	16	6		
		14	17	9	15	10		
70%控灌	2-1	9	9	18	10	11	15.07	15.23
		12	16	15	22	8		
		16	26	18	19	17		
	2-2	13	25	13	15	11	15.6	
		20	12	16	16	12		
		13	13	20	13	22		
	2-3	16	12	12	13	15	14.93	
		11	19	17	11	20		
		14	16	14	20	14		
60%控灌	3-1	15	15	13	18	9	11.4	10.93
		7	9	12	13	13		
		4	5	8	17	13		
	3-2	9	13	9	13	10	10.8	
		15	5	18	13	10		
		11	15	7	6	8		
	3-3	7	7	17	9	9	10.6	
		12	14	7	9	6		
		18	16	8	6	14		
50%控灌	4-1	12	8	7	14	11	10.6	9.93
		13	9	4	6	8		
		16	10	16	18	7		
	4-2	7	14	13	7	5	9.5	
		9	17	12	8	10		
		4	11	9	10	6		
	4-3	12	8	7	10	8	9.7	
		6	9	5	4	16		
		15	10	13	10	12		

表 9-13　2012 年水稻有效穗数观测记录　　　　　单位:穗

处理		样本值					平均	处理平均
常灌	1-1	12.0	15.0	14.0	13.0	12.0	12.00	12.07
		11.0	11.0	10.0	13.0	14.0		
		11.0	10.0	14.0	9.0	11.0		
	1-2	12.0	11.0	10.0	10.0	13.0	11.93	
		14.0	11.0	13.0	13.0	10.0		
		12.0	12.0	13.0	11.0	14.0		
	1-3	14.0	15.0	11.0	9.0	12.0	12.27	
		13.0	15.0	14.0	12.0	10.0		
		12.0	11.0	10.0	14.0	12.0		
70%控灌	2-1	12.0	14.0	13.0	11.0	12.0	12.73	12.27
		9.0	13.0	14.0	15.0	11.0		
		14.0	14.0	12.0	14.0	13.0		
	2-2	14.0	9.0	13.0	11.0	9.0	11.53	
		12.0	11.0	12.0	11.0	13.0		
		12.0	11.0	10.0	13.0	12.0		
	2-3	11.0	10.0	12.0	13.0	16.0	12.53	
		11.0	13.0	14.0	15.0	12.0		
		15.0	11.0	13.0	10.0	12.0		
60%控灌	3-1	13.0	11.0	10.0	9.0	10.0	10.87	10.91
		12.0	11.0	11.0	10.0	12.0		
		14.0	11.0	11.0	9.0	9.0		
	3-2	13.0	14.0	12.0	14.0	10.0	11.07	
		8.0	10.0	12.0	9.0	9.0		
		11.0	10.0	11.0	14.0	9.0		
	3-3	10.0	10.0	9.0	14.0	10.0	10.80	
		12.0	13.0	13.0	9.0	10.0		
		10.0	10.0	9.0	13.0	10.0		
50%控灌	4-1	9.0	9.0	8.0	7.0	12.0	9.60	6.67
		13	9	8	10	9		
		12	9	10	10	9		
	4-2	8	10	10	10	10	9.53	
		8	12	11	11	8		
		9	10	9	8	9		
	4-3	10	12	9	8	8	9.87	
		13	9	10	11	9		
		13	8	10	9	9		

表 9-14　2011 年水稻穗粒数统计　　　　　　　　单位：粒

处理		实粒数	空瘪粒数	穗粒数	饱实率	平均饱实率
常灌	1-1	142.4	22.25	164.65	86.49%	87.16%
	1-2	124	18.75	142.75	86.87%	
	1-3	156.15	21.05	177.2	88.12%	
70%控灌	2-1	145.15	10.1	155.25	93.49%	92.23%
	2-2	153.55	14.65	168.2	91.29%	
	2-3	135.05	11.85	146.9	91.90%	
60%控灌	3-1	143.7	5.7	149.4	96.18%	94.38%
	3-2	152.95	12.75	165.7	92.31%	
	3-3	141.05	7.95	149	94.66%	
50%控灌	4-1	142.5	5.5	148	96.28%	95.16%
	4-2	139.35	8.2	147.55	94.44%	
	4-3	121	6.7	127.7	94.75%	

表 9-15　2012 年水稻穗粒数统计　　　　　　　　单位：粒

处理		实粒数	空瘪粒数	穗粒数	饱实率	平均饱实率
常灌	1-1	148.75	20.7	169.45	87.78%	90.03%
	1-2	134.65	14.6	149.25	90.22%	
	1-3	183	15.75	198.75	92.08%	
70%控灌	2-1	168	14.65	182.65	91.98%	91.64%
	2-2	141.25	13.4	154.65	91.34%	
	2-3	159.95	14.65	174.6	91.61%	
60%控灌	3-1	155.45	11.85	167.3	92.92%	93.00%
	3-2	158.7	12.05	170.75	92.94%	
	3-3	170.1	12.55	182.65	93.13%	
50%控灌	4-1	155.4	10.5	165.9	93.67%	93.03%
	4-2	151.4	11.55	162.95	92.91%	
	4-3	137.15	11.1	148.25	92.51%	

表 9-16　2011 年水稻千粒质量测算　　　　　　　　单位:g

处理		样本 1(每畦)	样本 2(每平方)	平均	处理平均
常灌	1-1	20.141	22.921 1	21.531 1	22.260 1
	1-2	22.255 7	22.916 7	22.586 2	
	1-3	22.644 5	22.681 8	22.663 2	
70%控灌	2-1	22.051 3	23.167 1	22.609 2	22.285 7
	2-2	21.855	21.679 2	21.767 1	
	2-3	22.034 9	22.926 7	22.480 8	
60%控灌	3-1	22.046 1	23.084	22.565 1	22.091 2
	3-2	21.598 8	22.321 3	21.960 1	
	3-3	21.339 8	22.157	21.748 4	
50%控灌	4-1	21.653 7	22.186 4	21.920 1	21.746 8
	4-2	22.051 6	21.874 5	21.963 1	
	4-3	20.946 6	21.767 7	21.357 2	

表 9-17　2012 年水稻千粒质量测算　　　　　　　　单位:g

处理		样本 1(每畦)	样本 2(每平方)	平均	处理平均
常灌	1-1	25.0	25.2	25.1	25.10
	1-2	24.7	25.3	25.0	
	1-3	25.5	24.9	25.2	
70%控灌	2-1	25.2	25.8	25.5	25.42
	2-2	25.8	24.5	25.2	
	2-3	24.9	26.3	25.6	
60%控灌	3-1	24.8	24.7	24.8	24.03
	3-2	23.5	23.3	23.4	
	3-3	24.2	23.7	24.0	
50%控灌	4-1	23.1	22.5	22.8	22.77
	4-2	22.5	22.3	22.4	
	4-3	24.3	21.9	23.1	

表 9-18　2011 年、2012 年不同处理水稻实收产量表　　　　单位：kg/亩

处理	2011 年	2012 年	平均
常灌	469.60	624.51	547.06
70%控灌	490.60	631.48	561.04
60%控灌	454.10	503.07	478.59
50%控灌	409.50	447.24	428.37

9.4.4　水稻耗水量计算

为减少不同灌水方法的不利影响，常规灌溉、70%控灌、60%控灌及 50%控灌的水稻耗水量的计算，均取相互影响较小的中间小区为代表进行计算。2011 年、2012 年各处理的耗水量计算分别见表 9-19~表 9-26。

表 9-19　2011 年水稻常规灌溉耗水量计算

日期 （月-日）	计划层 深度/m	土壤含 水率/%	计划层储水 量/（m³/亩）	增加水量/（m³/亩） 降雨 实际	增加水量/（m³/亩） 灌水 有效	耗水量/ （m³/亩）
06-17	0.4	18.6	75.4	2	167.6	157.8
06-25	0.4	21.5	87.2	27.9	412.3	399.3
07-16	0.4	31.6	128.1	1.6	143.3	144.9
07-27	0.4	31.6	128.1	51.2	67	140
08-04	0.4	26.2	106.3	4.7	157.5	140.4
08-18	0.4	31.6	128.1	23.7	201.1	224.8
09-05	0.4	31.6	128.1	106.1	67	173.1
09-25	0.4	31.6	128.1	57.1	100.5	212.7
10-26	0.4	18	73			
合计				274.3	1 316.3	1 593.0

表 9-20　2012 年水稻常规灌溉耗水量计算

日期 （月-日）	计划层 深度/m	土壤含 水率/%	计划层储水 量/（m³/亩）	增加水量/（m³/亩） 降雨 实际	增加水量/（m³/亩） 灌水 有效
06-15	0.4	17.7	71.7	0.3	144.1
06-25	0.4	31.6	128.1	87.8	616.4
07-16	0.4	31.6	128.1	4.9	301.5
07-27	0.4	31.6	128.1	32.9	134.0
08-04	0.4	25.1	101.7	6.7	100.5
08-18	0.4	23.9	96.9	48.7	301.5
09-07	0.4	31.6	128.1	26.9	234.5
09-27	0.4	31.6	128.1	0.4	100.5
10-15	0.4	18.6	75.4		
合计				208.6	1 933.0

表 9-21　2011 年水稻 70%控灌耗水量计算

日期（月-日）	计划层深度/m	土壤含水率/%	计划层储水量/（m³/亩）	增加水量/（m³/亩）		耗水量/（m³/亩）
				降雨	灌水	
				实际	有效	
06-17	0.4	18.6	75.4	2	167.6	157.8
06-25	0.4	21.5	87.2	27.9	378.8	403.5
07-16	0.4	22.3	90.4	1.6	76.3	78.7
07-28	0.4	22.1	89.6	51.2	38.5	79.1
08-04	0.4	24.7	100.2	4.7	46.9	63.8
08-18	0.4	21.7	88	23.7	127.4	111
09-05	0.4	31.6	128.1	106.1	39.4	184.8
09-25	0.4	21.9	88.8	57.1	39.4	101.4
10-26	0.4	20.7	83.9			
合计				274.3	914.3	1 180.1

表 9-22　2012 年水稻 70%控灌耗水量计算

日期（月-日）	计划层深度/m	土壤含水率/%	计划层储水量/（m³/亩）	增加水量/（m³/亩）		耗水量/（m³/亩）
				降雨	灌水	
				实际	有效	
06-15	0.4	14.4	58.4	0.3	144.1	74.6
06-25	0.4	31.6	128.1	87.8	114.7	247.1
07-16	0.4	20.6	83.5	4.9	85.4	87.1
07-27	0.4	21.4	86.7	32.9	0	20.7
08-04	0.4	24.4	98.9	6.7	93.0	102.5
08-18	0.4	23.7	96.1	48.7	115.6	168.7
09-07	0.4	22.6	91.6	26.9	112.2	127.8
09-27	0.4	25.4	103.0	0.4	36.9	53.9
10-15	0.4	21.3	86.3			
合计				208.6	701.8	882.5

表 9-23　2011 年水稻 60%控灌耗水量计算

日期（月-日）	计划层深度/m	土壤含水率/%	计划层储水量/(m³/亩)	增加水量/(m³/亩) 降雨 实际	增加水量/(m³/亩) 灌水 有效	耗水量/(m³/亩)
06-17	0.4	18.6	75.4	2	167.6	157.8
06-25	0.4	21.5	87.2	27.9	378.8	403.5
07-16	0.4	22.3	90.4	1.6	37.7	48.6
07-27	0.4	20	81.1	51.2	46.9	73.8
08-04	0.4	26	105.4	4.7	45.3	78.3
08-18	0.4	19	77.1	23.7	97.2	95.4
09-05	0.4	25.3	102.6	106.1	0	116.2
09-25	0.4	22.8	92.5	57.1	49.4	121.1
10-26	0.4	19.2	77.9			
合计				274.3	822.9	1 094.7

表 9-24　2012 年水稻 60%控灌耗水量计算

日期（月-日）	计划层深度/m	土壤含水率/%	计划层储水量/(m³/亩)	增加水量/(m³/亩) 降雨 实际	增加水量/(m³/亩) 灌水 有效	耗水量/(m³/亩)
06-15	0.4	22.4	90.8	0.3	144.1	107.1
06-25	0.4	31.6	128.1	87.8	114.7	253.2
07-16	0.4	19.1	77.4	4.9	100.5	102.6
07-27	0.4	19.8	80.3	32.9	0	15.1
08-04	0.4	24.2	98.1	6.7	54.4	77.4
08-18	0.4	20.2	81.9	48.7	50.3	90.4
09-07	0.4	22.3	90.4	26.9	47.7	67.3
09-27	0.4	24.1	97.7	0.4	51.9	70.6
10-15	0.4	19.6	79.4			
合计				208.6	563.7	783.6

表 9-25　2011 年水稻 50%控灌耗水量计算

日期 （月-日）	计划层 深度/m	土壤含 水率/%	计划层储水 量/（m³/亩）	增加水量/（m³/亩）		耗水量/ （m³/亩）
				降雨	灌水	
				实际	有效	
06-17	0.4	18.6	75.4	2	167.6	157.8
06-25	0.4	21.5	87.2	27.9	378.8	426.2
07-19	0.4	16.7	67.7	1.6	54.4	58.4
07-30	0.4	16.1	65.3	51.2	54.4	104
08-18	0.4	16.5	66.9	4.7	63.7	69.2
09-04	0.4	16.3	66.1	129.8	0	102.7
09-25	0.4	23	93.2	57.1	0	72.1
10-26	0.4	19.3	78.2			
合计				274.3	718.9	990.4

表 9-26　2012 年水稻 50%控灌耗水量计算

日期 （月-日）	计划层 深度/m	土壤含 水率/%	计划层储水 量/（m³/亩）	增加水量/（m³/亩）		耗水量/ （m³/亩）
				降雨	灌水	
				实际	有效	
06-15	0.4	20.4	82.7	0.3	144.1	99.0
06-25	0.4	31.6	128.1	87.8	114.7	247.5
07-16	0.4	20.5	83.1	4.9	60.3	80.2
07-27	0.4	16.8	68.1	32.9	0	6.1
08-04	0.4	23.4	94.8	6.7	70.4	81.5
08-18	0.4	22.3	90.4	48.7	0	77.9
09-07	0.4	15.1	61.2	26.9	67.0	72.0
09-27	0.4	20.5	83.1	0.4	62.8	51.1
10-15	0.4	23.5	95.3			
合计				208.6	519.3	715.3

9.4.5　地温观测资料

地温是影响水稻正常生长发育的重要因素。为了探讨不同水分处理稻田的地温变化，2012 年的水稻试验中增加了地温观测项目。从 7 月 4 日开始至 10 月 2 日结束，约每 5 d 观测一次。观测结果见表 9-27。

表 9-27　2012 年不同水分处理地温观测记录　　　　　　单位：℃

时间（月-日）	常规灌溉	70%控灌	60%控灌	50%控灌	大气温度	说明
07-04	25.5	28	28	28	29	
07-09	28	29.5	29.5	29.5	32	
07-14	31	32	32	32	34	
07-19	31	32	32	33	35.5	
07-24	27	30	30	30	34.5	
07-29	26	28	28	28.5	34	
08-03	27	28.5	29	29	34	
08-08	28	29	29	29	34	
08-13	24	26	26	26	28	观测在每天
08-18	27.5	29	29.5	29	35	上午 10 点
08-23	25	26	26	26	29	后，且各小
08-28	26	28	28	28	36	区在灌水落
09-02	24	26	26	26.5	30	干后
09-07	23	25	25	25	27	
09-12	20	22	22	22	23	
09-17	21	23	23	23	25	
09-22	19	21	21	21	26	
09-27	18	20	20	20	24	
10-02	16	17	17	17	20	
均值	24.6	26.3	26.4	26.4	30.0	

从表 9-27 可以看出，控灌较常规灌溉平均地温可高出 1.7~1.8 ℃。

9.5　试验结果与分析

9.5.1　不同水分处理对水稻茎蘖数的影响

不同水分处理水稻的茎蘖数观测结果见表 9-28。从表 9-28 可以看出，四种处理的茎蘖数在分蘖初期无明显差别。但自分蘖中期（7 月 19 日）开始，60%控灌、50%控灌明显低于 70%控灌与常规灌溉，70%控灌与常规灌溉基本持平。这说明充足的水分比较有利于水稻的分蘖。就控制灌溉来讲，70%控灌较为适宜，60%控灌、50%控灌均偏少。

表 9-28　不同水分处理下水稻的分蘖数　　　单位:个

日期（月-日）	常规灌溉			70%控灌			60%控灌			50%控灌		
	2011 年	2012 年	平均	2011 年	2012 年	平均	2011 年	2012 年	平均	2011 年	2012 年	平均
06-26	4.8	4.5	5	4.8	4.3	5	4.6	4.5	5	4.4	4.5	4
06-30	7.6	5.7	7	8.6	5.6	7	8.7	5.8	7	8.2	5.8	7
07-04	11.9	8.5	10	13.8	8.4	11	13.3	8.2	11	13.4	8.2	11
07-09	15.3	12	14	17	11.5	14	15.8	10.7	13	16.1	9.7	13
07-14	18.3	12.5	15	19.6	11.5	16	18.8	11	15	18.6	10	14
07-19	21.2	15.5	18	22.9	14.5	19	19.6	11.6	16	19.5	10.9	15
07-25	20.4	18.2	19	21.6	17.5	20	20	14.5	17	18.8	13.8	16
08-01	20.1	19.2	20	23.1	18.6	21	19.8	15.9	18	18.1	14.9	17

9.5.2　不同水分处理对水稻株高的影响

不同水分处理水稻的株高观测结果见表 9-29、图 9-2、图 9-3。由表 9-29 及图 9-2、图 9-3可以看出,四个处理中,2011 年 70%控灌和 60%控灌的株高与常规灌溉处理的株高很接近,差异较小,几乎重合,50%控灌处理的株高明显小于其他几个处理;2012 年常规灌溉、70%控灌、60%控灌和 50%控灌处理的株高却依次降低。究其原因,是 2011 年汛期 7~8 月雨水较大,又没有防雨设施,水稻试验难以严格地按照试验方案进行,各种处理均或多或少地存在"淹灌"现象,造成水稻株高方面差异较小;而 2012 年汛期 7~8 月雨水相对较少,各种处理的水稻试验比较接近试验方案,效果较好,规律性较强。这说明控制灌溉能够有效地抑制水稻的虚长。

表 9-29　不同水分处理下水稻的株高　　　单位:cm

日期（月-日）	T1(常灌 CK)			T2(70%控灌)			T3(60%控灌)			T4(50%控灌)		
	2011 年	2012 年	平均	2011 年	2012 年	平均	2011 年	2012 年	平均	2011 年	2012 年	平均
06-26	23	29.5	26.3	23.4	30.3	26.9	22.4	28.9	25.7	22.2	29.6	25.9
06-30	26	33.4	29.7	26.2	33.9	30.1	26	32.1	29.1	25.6	32.5	29.1
07-04	30	39.8	34.9	30.6	40.2	35.4	30.2	37.4	33.8	29.2	37.7	33.5
07-09	35	48.4	41.7	35.2	47.4	41.3	35.2	43.4	39.3	34	43.3	38.7
07-14	40.2	58.7	49.5	40.8	54.4	47.6	40.2	51.1	45.7	37.6	49.4	43.5
07-19	45.6	65	55.3	45.6	60	52.8	44.6	56.9	50.8	41	53.8	47.4
07-25	50.6	67.1	58.9	50.4	63.3	56.9	50.4	60.9	55.7	47	56.6	51.8
08-01	61.2	69.9	65.6	60.8	70.3	65.6	60.4	67	63.7	54.4	59	56.7
08-04	63.8	76.5	70.2	63.6	75.5	69.6	63.4	71.2	67.3	59.8	64.6	62.2
08-10	71.2	81.8	76.5	70.8	79.3	75.1	70.8	75.8	73.3	66.4	71.2	68.8
08-17	76.8	87.8	82.3	76.2	82.1	79.2	76	79	77.5	72.8	76.9	74.9
08-25	83.4	91.7	87.6	83	85	84	83.2	81.6	82.4	77.6	81	79.3
08-28	90.8	96.3	93.6	90.6	88.2	89.4	90.2	86.1	88.2	83	84.2	83.6
09-01	96	101	98.4	95.6	90.6	93.1	95.2	88.2	91.7	88	86.7	87.4

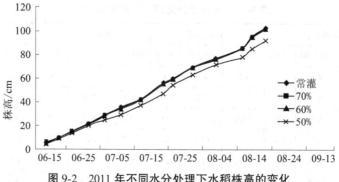

图 9-2　2011 年不同水分处理下水稻株高的变化

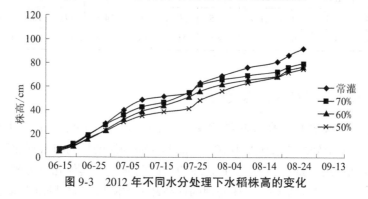

图 9-3　2012 年不同水分处理下水稻株高的变化

9.5.3　不同水分处理对水稻根茎的影响

不同水分处理下水稻的根茎观测结果见表 9-30。

表 9-30　不同水分处理下水稻的根茎观测结果

处理		茎粗/mm	每穴单株根数/个	每穴黑根数/个	根长/cm
常规灌溉	2011 年	4.39	29	15	31
	2012 年	3.8	32	12	34
	平均	4.10	31	14	33
70%控灌	2011 年	4.64	26	11	28
	2012 年	4.77	29	6	31
	平均	4.71	28	9	30
60%控灌	2011 年	4.49	25	8	26
	2012 年	4.76	28	5	29
	平均	4.63	27	7	28
50%控灌	2011 年	4.4	24	5	25
	2012 年	4.25	25	3	28
	平均	4.33	25	4	27

注:表中茎秆粗数据为稻秆高 10 cm 处。

从表 9-30 可以看出,50%控灌、60%控灌、70%控灌茎秆均较常规灌溉粗,其中 70%控灌最为明显,抗倒伏能力最强。而每穴单株根数、每穴黑根数及根长,50%控灌、60%控灌、70%控灌及常规灌溉,表现为依次增大,表明对水稻来讲,灌水愈多,愈有利于根的生发,但对根的活力却有负面影响。

9.5.4　水稻耗水量及耗水规律研究

不同水分处理不同生育期的耗水量、日耗水量及模系数见表 9-31。

从表 9-31 阶段耗水量数据可以看出,在分蘖前,四个处理的阶段耗水量大小接近,差异较小;分蘖后,各处理的耗水量大小有了显著差异,均表现为常规处理的阶段耗水量远远大于其他三个处理的阶段耗水量,其他三个处理的阶段耗水量大小关系不成规律。

从表 9-31 日耗水量数据可以看出,四个处理中三个控灌处理的日耗水量均在返青—分蘖初期最大,耗水量均在 17.65 mm/d 以上,插秧—返青期的日耗水量次之,耗水量均在 12.43 mm/d 以上,再次为分蘖初—分蘖中期。其余阶段的日耗水量无论是四个处理或者单是控灌的三个处理均没有统一规律,且 2011 年与 2012 年的试验数据差异较大。但从全生育期的日耗水量数据来看,不论是 2011 年还是 2012 年,四个处理的日耗水量均呈现以下规律:常规处理最大,70%控灌处理次之,60%控灌处理较小,50%控灌处理最小,说明土壤含水量越低,水稻的耗水量越小,适当的水分亏缺可以降低水稻土壤水分的无效消耗,节约灌溉水量。

从表 9-31 模系数数据可以看出,四个处理均在返青—分蘖初期的模系数最大,说明返青—分蘖初期是水稻全生育期中耗水量最大的阶段,该阶段的耗水量占全生育期总耗水量的 25%~40%。其次是插秧—返青期,该阶段耗水量占全生育期总耗水量的 10%~15%。拔节—抽穗期和抽穗—乳熟期的模系数也较大,大概占全生育期总耗水量的 7%~15%,其他阶段的模系数较接近,多在 13%以下。

由四个处理的阶段耗水量、日耗水量及模系数的比较分析,可以得出:水稻在插秧—分蘖初期这一阶段的耗水量最大,是水稻的需水关键期,其次是拔节—抽穗期和抽穗—乳熟期。因此,在水稻灌溉管理中,应尽量避免在这几个阶段出现水分亏缺。

9.5.5　不同水分处理对水稻产量的影响

不同水分处理对水稻产量的影响见表 9-32。从表 9-32 可以看出,有效穗数方面,70%控灌最多,较常规灌溉平均增加 4.3%,60%控灌、50%控灌较常规灌溉平均分别减少17.1%、25.6%;穗粒数及饱实率方面,土壤水分越低,穗粒数越少,但饱实率却越高;千粒质量及产量方面,70%控灌、常规灌溉、60%控灌、50%控灌,均依次减少,70%控灌较常规灌溉平均增产 2.6%,60%控灌、50%控灌较常规灌溉平均分别减产 12.5%、21.7%。

表9-31 不同水分处理下水稻的耗水量

生育阶段	耗水组成	常规灌溉			70%控灌			60%控灌			50%控灌		
		2011年	2012年	平均	2011年	2012年	平均	2011年	2012年	平均	2011年	2012年	平均
插秧—返青	阶段耗水量/mm	236.7	132	184.3	236.7	111.9	174.3	236.7	160.6	198.7	236.7	148.5	192.6
	日耗水量/(mm/d)	26.3	14.67	20.48	26.3	12.43	19.37	26.3	17.85	22.07	26.3	16.5	21.4
	模系数/%	9.91	4.116	7.013	13.37	8.454	10.91	14.41	13.67	14.04	15.93	13.84	14.89
返青—分蘖初	阶段耗水量/mm	599	1 056	827.6	605.3	370.6	487.9	605.3	379.8	492.5	639.3	371.2	505.3
	日耗水量/(mm/d)	28.52	50.3	39.41	28.82	17.65	23.24	28.82	18.09	23.45	30.44	17.68	24.06
	模系数/%	25.07	32.94	29	34.19	28	31.1	36.85	32.31	34.58	43.03	34.61	38.82
分蘖初—分蘖中	阶段耗水量/mm	217.4	459.6	338.5	118.1	130.6	124.3	72.9	153.9	113.4	87.6	120.3	103.9
	日耗水量/(mm/d)	19.76	41.78	30.77	10.73	11.88	11.3	6.627	13.99	10.31	7.964	10.94	9.45
	模系数/%	9.1	14.33	11.72	6.67	9.871	8.27	4.44	13.09	8.766	5.9	11.21	8.557
分蘖中—分蘖末	阶段耗水量/mm	210	289.8	249.9	118.7	31.05	74.85	110.7	22.65	66.67	56.3	9.15	32.94
	日耗水量/(mm/d)	26.25	36.22	31.24	14.83	3.881	9.356	13.84	2.831	8.334	7.091	1.144	4.117
	模系数/%	8.79	9.037	8.913	6.7	2.346	4.523	6.74	1.927	4.333	3.82	0.853	2.336
分蘖末—拔节	阶段耗水量/mm	210.6	168.1	189.4	95.7	153.7	124.7	117.5	116.1	116.8	99.27	122.2	110.8
	日耗水量/(mm/d)	15.04	12.01	13.53	6.836	10.98	8.909	8.389	8.293	8.341	7.091	8.732	7.911
	模系数/%	8.81	5.243	7.027	5.41	11.62	8.513	7.15	9.876	8.513	6.68	11.4	9.038
拔节—抽穗	阶段耗水量/mm	337.2	478.5	407.8	166.5	253	209.8	143.1	135.6	139.3	103.8	116.8	110.3
	日耗水量/(mm/d)	18.73	26.58	22.66	9.25	14.06	11.65	7.95	7.533	7.742	5.767	6.492	6.129
	模系数/%	14.11	14.92	14.52	9.41	19.12	14.26	8.71	11.54	10.12	6.99	10.89	8.941
抽穗—乳熟	阶段耗水量/mm	259.7	356.5	308.1	277.2	174.3	225.7	174.3	91.77	133	154.1	98.18	126.1
	日耗水量/(mm/d)	12.98	17.82	15.4	13.86	8.714	11.29	8.715	4.589	6.652	7.703	4.909	6.306
	模系数/%	10.87	11.12	10.99	15.66	13.17	14.41	10.61	7.807	9.208	10.37	9.152	9.761
乳熟—黄熟	阶段耗水量/mm	319.1	266	292.5	152.1	98.28	125.2	181.7	115.1	148.4	108.2	86.32	97.23
	日耗水量/(mm/d)	10.29	13.3	11.8	4.906	4.914	4.91	5.86	5.754	5.807	3.489	4.316	3.902
	模系数/%	13.35	8.296	10.82	8.59	7.425	8.007	11.06	9.789	10.42	7.28	8.046	7.663
全生育期	阶段耗水量/mm	2 390	3 207	2 798	1 770	1 324	1 547	1 642	1 176	1 409	1 486	1 073	1 279
	日耗水量/(mm/d)	18.1	26.5	22.3	13.41	10.94	12.17	12.44	9.715	11.08	11.25	8.866	10.06

表 9-32　水稻考种观测结果

处理		有效穗数/（万/亩）	穗粒数/粒	饱实率/%	千粒质量/g	产量/（kg/亩）
常规灌溉	2011 年	19.07	162	0.87	22.26	469.6
	2012 年	16.11	172	0.90	25.10	624.51
	平均	17.69	167	0.89	23.68	547.06
70%控灌	2011 年	20.33	157	0.92	22.29	490.6
	2012 年	16.38	171	0.92	25.42	631.48
	平均	18.35	164	0.92	23.85	561.04
60%控灌	2011 年	14.69	155	0.94	22.09	454.1
	2012 年	14.56	174	0.93	24.03	503.07
	平均	14.57	164	0.94	23.06	478.59
50%控灌	2011 年	13.25	141	0.95	21.75	409.5
	2012 年	12.91	159	0.93	22.77	447.24
	平均	13.08	150	0.94	22.26	428.37

9.5.6　水稻耗水量与产量关系研究

9.5.6.1　不同水分处理水稻的水分利用效率

不同水分处理下水稻的水分利用效率见表 9-33。由表 9-33 可以看出，常规灌溉处理的产量较大，但水分利用效率最小，2011 年、2012 年均只有 0.29 kg/m³；70%控灌处理的产量最大，水分利用效率也较高；60%控灌和 50%控灌水分利用效率虽然也较高，但相较常规灌溉处理，产量减少太多，2011 年、2012 年分别减产 2.5%、12.8%和 19.4%、28.4%。由此可见，70%控灌处理优点明显，是节水高效的灌水方式。

表 9-33　不同水分处理下水稻的水分利用效率

处理		耗水量/mm	产量/（kg/hm²）	水分生产效率/（kg/m³）
常灌	2011年	2 390.00	7 047.77	0.29
	2012年	3 207.00	9 367.50	0.29
	平均	2 798.50	8 207.63	0.29
70%控灌	2011年	1 770.00	7 361.85	0.42
	2012年	1 324.00	9 472.20	0.72
	平均	1 547.00	8 417.02	0.57
60%控灌	2011年	1 642.50	6 871.89	0.42
	2012年	1 176.00	7 546.50	0.64
	平均	1 409.25	7 209.19	0.53
50%控灌	2011年	1 486.00	6 143.25	0.41
	2012年	1 073.00	6 708.00	0.63
	平均	1 279.50	6 425.62	0.52

9.5.6.2　水稻产量与全生育期耗水量之间的关系

据表 9-34 耗水量及产量的平均值数据按图形相关分析法分析可得出不同水分处理

下水稻产量与耗水量的关系(见图9-4)。由图9-4可以看出,在不同生育期水分亏缺处理下,产量与耗水量呈二次函数关系,开始产量随着耗水量的增大而增大,但增大到一定程度,即最大值时,产量会随着耗水量的增大而逐渐减小,其关系式为:

$$Y = -0.003\ 8ET^2 + 16.440\ 7ET - 7\ 868.504\ 9 \qquad (9-1)$$

式中,Y 为水稻产量,kg/hm^2;ET 为水稻全生育期耗水量,mm。

对式(9-1)两边求导,并令 dY/dET=0,得当水稻的耗水量为 2 163.25 mm 时,水稻产量达到最大值。由此可以看出,在对不同生育期水分亏缺处理下,当耗水量小于 2 163.25 mm 时,水稻的产量随耗水量的增加而增加;当耗水量等于 2 163.25 mm 时,水稻产量达到最大,约 9 914.2 kg/hm^2;当耗水量大于 2 163.25 mm 时,水稻的产量随耗水量的增大而减小。

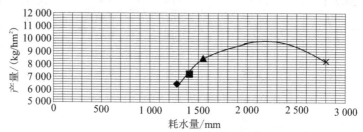

图9-4　不同水分亏缺处理下水稻产量与耗水量关系

9.5.7　控灌与常规灌溉的效益比较

70%控灌与常规灌溉的效益比较见表9-34。

表9-34　70%控灌与常规灌溉的效益比较

项目	70%控灌			常灌		
	2011 年	2012 年	平均	2011 年	2012 年	平均
耗水量/mm	1 770.00	1 508.00	1 639.00	2 389.50	3 207.00	2 798.25
产量/(kg·hm^2)	7 361.85	9 472.20	8 417.02	7 047.77	9 367.50	8 207.63
灌水次数/次	27	24	26	39	64	52

由表9-34可以得出:70%控灌较常规灌溉,耗水量平均减少 41.4%,产量平均增加约 2.6%,灌水次数平均减少 50%。效益十分显著。

控灌的灌水时机通过试验,70%控灌的灌水时机除可通过土壤水分精确测定外,尚可采用以下两种方法粗略确定:

(1)通过计算灌水间隔确定:在没有降雨的情况下,70%控灌一般间隔 4~6 d 灌一次水,气温高时取小值,气温低时取大值,气温不低不高时取中值。

(2)通过观察地表特征确定:70%控灌,当地表裂缝宽度达到 0.7~1.1 mm,或用脚踏轻微沾脚且行走时有轻度印痕时均需灌水。这是直观判别 70%控灌灌水时机的简易方法。

9.6　本章小结

实践证明,对水稻实行合理的控制灌溉,不仅大幅节约灌溉用水,而且为水稻的生长发育创造良好的水、光、热、气环境。同时,在水稻适宜生育期进行控制灌溉,也是夺取水稻高产的一项不可缺少的重要技术措施,通过 2011 年、2012 年两年的水稻试验,可得出以下结论:

(1)水分较高时,产量较大,但水分利用效率较低;水分较低时,产量不大,但水分利用效率较高;只有适宜的水分才能使水稻既高产又高效,70%控灌处理的产量最大,水分利用效率也最大,其增产、节水及减少灌水次数减轻管理强度等效果均十分显著,是节水高效的灌溉方式。

(2)水稻控制灌溉不是所有生育阶段都可实施。在具体实践中,还需根据水稻各生育阶段的耗水规律及对水分的敏感性,区别对待,有所侧重。

返青期:返青期是水稻移栽后,从秧田到本田成活的缓冲阶段,约 9 d。水稻移栽后,根系受到大量损伤,吸收水分的能力大大减弱,这时如果田中缺水,就会造成根系吸收的水分大大减少,而叶片丧失的水分相对较多,导致水分入不敷出,轻则造成返青期延长,重则卷叶死苗。因此,水稻秧苗移栽后至返青末期,不宜实行控制灌溉,而应如常规灌溉一样时常保持 1~5 cm 的水层,以防生理失水,提早返青,减少死苗。在返青末期至返青完成,一般 3~4 d,可适当晒田,促进扎根。

分蘖期:这个时期一般在返青后到 8 月初,约 40 d。分蘖期也是水稻对水比较敏感的时期,实行控灌时,必须在水稻全部返青并且叶片顶部没有黄尖后才能施行,否则将影响正常分蘖。在分蘖期末,为防止无效分蘖,也应适当晒田。

拔节—抽穗期:约 30 d。这个时期是自幼穗开始分化至抽穗完成,此阶段生长机能强、光合作用旺盛,是水稻生理和环境需水高峰期,但对水分的亏缺表现并不敏感,最适宜控制灌溉。

乳熟期:约 20 d。这个时期合理灌水,是养根促叶,有利于干物质积累,增加粒重的重要时期。为了继续维持根系较强的活力,保持叶片的光合作用,防止叶片早衰,促进茎秆健壮,也宜采用控制灌溉。

黄熟期:约 30 d。水稻进入黄熟期后,生理需水明显下降,但在前期仍可按照控制灌溉的要求灌水;成熟前 15~20 d 停水,必要时还要排水,以便提高地温,促进早熟,切忌田间有水层,以促进黄熟,方便收割。

(3)70%控灌的灌水时机,除可通过土壤水分精确测定外,尚可通过计算灌水间隔或观察稻田地表特征粗略确定,为广大农民群众提供了一个掌握水稻70%控制灌溉的简易方法,给下一步大面积推广带来了可能。

综上所述,推荐 70%控灌为适宜人民胜利渠灌区及相似地区水稻节水高效的灌水方式。